Compliance Berater

Nachhaltigkeitsbeauftragte

Einordnung und Umsetzung von ESG- und CSR-Anforderungen im Unternehmen

von

Jenny Schmigale

Fachmedien Recht und Wirtschaft | dfv Mediengruppe | Frankfurt am Main

Alle im Buch verwendeten Begriffe verstehen sich geschlechterneutral. Aus Gründen der besseren Lesbarkeit wird auf eine geschlechtsspezifische Differenzierung verzichtet – entsprechende Begriffe gelten im Sinne der Gleichbehandlung grundsätzlich für alle Geschlechter. Die verkürzte Sprachform hat lediglich redaktionelle Gründe und beinhaltet keine Wertung.

Bibliografische Information Der Deutschen Nationalbibliothek

Die Deutsche Nationalbibliothek verzeichnet diese Publikation in der Deutschen Nationalbibliografie; detaillierte bibliografische Daten sind im Internet über http://dnb.de abrufbar.

ISBN 978-3-8005-1871-5

dfv Mediengruppe

www.ruw.de

Druck: Beltz Grafische Betriebe GmbH, 99947 Bad Langensalza

Printed in Germany

Vorwort

Wenn Sie dieses Buch in der Hand halten, wollen (oder müssen) Sie sich mit dem Themenkomplex Nachhaltigkeit, ESG, CSR (oder wie auch immer Sie es nennen wollen) beschäftigen. Begrifflichkeiten die aktuell hochaktuell sind. Einerseits weil eine Dringlichkeit zum Handeln von uns allen gefordert ist, um den menschengemachten Auswirkungen auf unseren Planeten und unsere Gesellschaft zu begegnen, andererseits weil es interessant ist, sich mit einem Themenkomplex auseinanderzusetzen, der neu und daher einem ständigen Wandel und neuen Entwicklungen unterworfen ist – für das die aktuell steigende Regulierung in diesem Bereich Unternehmen aber auch vor enorme Herausforderungen stellt. Spannend ist es zudem, weil wohl kaum ein anderes Thema in der Form alle Bereiche eines Unternehmens (und der Gesellschaft) betrifft wie dieses.

All dies sind auch die Gründe weshalb mich das Thema gepackt hat. Mir hat es schon immer Spaß gemacht, neue Anforderungen so schlank und effizient wie möglich in Unternehmen umzusetzen – seien es interne Kontrollsysteme, rechtliche Anforderungen oder andere Dinge. Häufig werden diese als zusätzliche Belastung empfunden und das sind sie oft anfangs auch, jedoch führen sie mittel- und langfristig dazu, dass Unternehmen fairer, effizienter und profitabler agieren. Im Falle der Nachhaltigkeit reduzieren Unternehmen ihre negativen Auswirkungen auf Menschen und Umwelt und verstärken ihre positiven Auswirkungen – im Idealfall führen Prozess- und Produktinnovation zu neuen Umsätzen und Profitsteigerung. Das – auch gegen die zwangsläufig vorhandenen Widerstände – im Unternehmen umzusetzen und die positiven Auswirkungen zu sehen, ist ein toller Antrieb.

Über diese rein professionelle Sicht hinaus, ist dieses Buch auch für meine drei Nichten, Rosalie, Valerie und Magalie geschrieben. Mit der Hoffnung hier einen kleinen Betrag dazu zu leisten, dass auch sie in einem innovativen, wirtschaftlich erfolgreichen Land leben und arbeiten dürfen, das die Bedürfnisse dieses Planeten berücksichtigt und diesen Wandel erfolgreich meistert.

Inhaltsverzeichnis

Abbildungsverzeichnis

Tabellenverzeichnis

Abkürzungsverzeichnis

Abs.	Absatz
AktG	Aktiengesetz
Art.	Artikel
ASiG	Arbeitssicherheitsgesetz
B2B	Business-to-Business
B2C	Business-to-Customer
BAFA	Bundesamt für Wirtschaft und Ausfuhrkontrolle
BaFin	Bundesanstalt für Finanzdienstleistungsaufsicht
BDSG	Bundesdatenschutzgesetz
BGleiG	Bundesgleichstellungsgesetz
bzw.	beziehungsweise
ca.	circa
CBAM	Carbon Border Adjustment Mechanism
CDP	Carbon Disclosure Project
CEO	Chief Executive Officer
CH_4	Methan
CO_2	Kohlendioxid
CO_2e/CO_2-eq	Kohlendioxid-Äquivalent
CSO	Corporate/Chief Sustainability Officer
CSR	Corporate Social Responsibility
CSR-RUG	Corporate Social Responsibility-Richtlinie-Umsetzungsgesetz
CSRD	Corporate Sustainability Reporting Directive
DAX	Deutscher Aktienindex
DCGK	Deutscher Corporate Governance Kodex
d. h.	das heißt
DNK	Deutscher Nachhaltigkeitskodex
DNSH	Do No Significant Harm
DSGVO	Datenschutzgrundverordnung
EFFAS	European Federation of Financial Analysts Societies
EFRAG	European Financial Reporting Advisory Group
ESG	Environmental, Social, Governance
ESEF-VO	European Single Electronic Format-Verordnung
ESRS	European Sustainability Reporting Standard
etc.	et cetera
ETS	Emission Trading System
EU	Europäische Union
EU-CSDDD	EU-Corporate Sustainability Due Diligence Directive
EU-DR	EU-Deforestation Regulation (EU-Entwaldungsverordnung)
FKW	Fluorkohlenwasserstoffe

ggf.	gegebenenfalls
GHG	Greenhouse Gas
GmbHG	Gesetz betreffend die Gesellschaften mit beschränkter Haftung
GRI	Global Reporting Initiative
IIA	Institute of Internal Audit
IRO	Impacts, Risks and Opportunities
KPI	Key Performance Indicator
LkSG	Lieferkettensorgfaltspflichtengesetz
N_2O	Distickstoffmonoxid (Lachgas)
NAP	Nationale Aktionsplan Wirtschaft und Menschenrechte
NF_3	Stickstofftrifluorid
NFRD	Nonfinancial Reporting Directive
MaRisk	Mindestanforderungen an das Risikomanagement
m. E.	meines Erachtens
Mio.	Millionen
MIT	Massachusetts Institute of Technology
Mrd.	Milliarden
o. ä.	oder ähnliche/s
PFCs	Perfluorcarbone
PPP	Public-Private Partnerships
RNE	Rat für Nachhaltige Entwicklung
S.	Seite
SASB	Sustainability Accounting Standards Board
SBTi	Science Based Targets-Initiative
SDG	Sustainable Development Goals (Nachhaltigkeitsziele)
SEC	Securities and Exchange Commission
SF_6	Schwefelhexafluorid
Spielz-Werke	Spielz-Werke GmbH & Co. KG (unsere Beispielfirma für dieses Buch)
TCFD	Taskforce for Climate-related Financial Disclosures
THG	Treibhausgas
u. a.	unter anderem
USP	Unique Selling Proposition
UN	United Nations (Vereinte Nationen)

UN GC	United Nation Global Compact
WEF	World Economic Forum (Weltwirtschaftsforum)
VO	Verordnung
XHTML	Extensible Hypertext Markup Language
z.B.	zum Beispiel

1. Einleitung

Dieses Buch richtet sich primär an kleine und mittlere Unternehmen, in denen die Ressourcen zur Umsetzung der Anforderungen nicht so einfach vorliegen. Jedoch gelten die Prinzipien ebenso für große Unternehmen. Es geht ganz klar nicht darum, zu bekehren, sondern einen praktischen Ansatz zum Umgang mit den Themen zu liefern. Wie weit das jeweilige Unternehmen dann schlussendlich in seiner Strategie gehen möchte, ist individuell zu entscheiden.

Ich möchte Ihnen praktische Hinweise geben, worauf Sie als (vielleicht neu berufener) Nachhaltigkeitsbeauftragter bei dieser oft neu geschaffenen Funktion achten sollten. Dies betrifft nicht nur die organisatorische Eingliederung, sondern vor allem die Frage, wie Sie die Thematik angehen und im Unternehmenskontext umsetzen können. Dafür beschäftigen wir uns zunächst mit einer Einordnung der Begrifflichkeiten und einem geschichtlichen Abriss zur Entwicklung der Thematik. Anschließend erhalten Sie einen Überblick über die rechtlichen Grundlagen, ausgehend von den gesellschaftsrechtlichen Grundlagen hin zu den aktuellen und kommenden Regulierungen der Europäischen Union. Von der Vorstellung eines Reifegradmodells zur Einordnung Ihrer Ausgangslage und als Hilfsmittel zur Bestimmung Ihrer Zielsetzung gehen wir über auf eine mögliche organisatorische Ausgestaltung und die benötigten Kompetenzen sowie die mögliche Ausbildung. Kern bildet jedoch die Nachhaltigkeitsstrategie und das dazugehörige Managementsystem. Nach einem Fokus auf die Lieferketten und andere Geschäftspartner betrachten wir abschließend das Thema der Berichterstattung.

Um Ihnen diese Aspekte anschaulicher darzustellen, erarbeiten wir uns einige Themen an einem fiktiven Unternehmensbeispiel, der Spielz-Werke GmbH & Co. KG, einem Spiele- und Spielzeughersteller, den Sie in → Kapitel 3 näher kennen lernen werden. Für die meisten Kapitel findet sich am Ende eine Anwendung auf das fiktive Beispiel, die Nachhaltigkeitsstrategie wird direkt an diesem Beispiel entwickelt.

Leider kann dieses Buch keinen Anspruch auf Vollständigkeit geltend machen und vieles wird verkürzt dargestellt. Insgesamt kann dies nur ein erster Einstieg sein. Daher schauen Sie auch gern ins Literaturverzeichnis, um Inspirationen für eine weiterführende Lektüre zu finden. Ich hoffe jedoch, Ihnen Inspiration und Spaß mitgeben zu können. Diese Funktion ist eine Herausforderung, aber sehen Sie selbst, wie viel Sie für sich und Ihr Unternehmen lernen können. Eine Aufgabe, deren Relevanz weit über die Unternehmensgrenzen hinausgeht.

Springen Sie gern zwischen den Kapiteln und steigen Sie in die für Sie interessanten Aspekte ein. Vielleicht sind Sie bereits fit im ESG-Vokabular und wollen direkt in die Entwicklung einer Nachhaltigkeitsstrategie starten oder Sie beschäftigen sich gerade insbesondere mit der organisatorischen Ausgestaltung, dann überspringen Sie getrost die ersten Kapitel.

Eine Anmerkung vorweg: In diesem Buch beziehe ich mich stets auf die Nachhaltigkeitsbeauftragten. Dieser Begriff umfasst entsprechend der Definition der Corporate Sustainability Reporting Directive alle Aspekte rund um Umwelt, Soziales und gute Unternehmensführung, sprich CSR- und ESG-Beauftragte (oder ähnliches) gleichermaßen. Ebenso umfasst er alle Geschlechter.

2. Nachhaltigkeit, CSR, ESG etc.

Nachhaltigkeit, CSR, ESG etc. sind Begriffe und Abkürzungen, die aufgrund gesellschaftlicher und politischer Entwicklungen in den letzten Jahrzehnten immer wichtiger geworden sind. Sie haben sich sicher schon mit dem Thema etwas auseinandergesetzt. Vielleicht hat es zu Verwirrungen zwischen den ganzen Abkürzungen geführt. Deshalb bietet dieses Kapitel einen kurzen zeitlichen Abriss zur Entstehung und Einsortierung der heute verwendeten Begrifflichkeiten.

2.1 Geschichtliche Einordnung

Je nach Quelle wird der Ursprung der Nachhaltigkeitsüberlegungen unterschiedlich gesehen. Wir sehen ihn hier bei *Hans Carl von Carlowitz*, der im Jahr 1713 in Leipzig die „**Sylvicultura oeconomica**" schrieb, ein Buch zur Forstwirtschaft. In diesem Buch beschreibt er, dass es nur möglich ist, einem möglichen Mangel an Holz durch eine nachhaltige Nutzung des Waldes entgegenzutreten.[1]

Eine durch den Club of Rome beim Massachusetts Institute of Technology (MIT) in Auftrag gegebene Forschungsarbeit endete 1972 in der Veröffentlichung des Buches „**Die Grenzen des Wachstums**".[2] Die Autoren analysieren diverse Entwicklungsszenarien und kommen zu dem Schluss, dass die vorhandenen planetaren Ressourcen mit dem vorhandenen Wirtschaftswachstum und dem Anstieg der Weltbevölkerung nicht bis 2100 ausreichen.

Diese Gedanken der Ressourcenschonung bzw. -limitierung griff auch die **Brundtland-Kommission** der Vereinten Nationen im Jahr 1987 auf. Sie hat die heute am meisten verwendete Definition für Nachhaltigkeit geprägt, wonach eine nachhaltige Entwicklung eine „Entwicklung [ist], die den Ansprüchen der Gegenwart gerecht wird, ohne die Fähigkeit zukünftiger Generationen zu beeinträchtigen, ihre eigenen Bedürfnisse zu befriedigen".[3]

Neben diesen Erkenntnissen und immer deutlicheren Auswirkungen des Klimawandels durch den Temperaturanstieg, ausgelöst durch von Menschen verursachte Treibhausgas(THG)-emissionen, steigt das Bewusstsein für die Notwendigkeit eines Umdenkens weltweit. Im Jahr 2015 einigten sich 197 Staaten in Paris auf ein neues Klimaschutzabkommen. In diesem „**Pariser Abkommen**" setzen sich die Staaten das Ziel, die Erderwärmung im Ver-

1 Forstliche Versuchs- und Forschungsanstalt Baden-Württemberg – FVA, 300 Jahre „Sylvicultura oeconomica" von *Hans Carl von Carlowitz*. In: waldwissen.net, 10.3.2024.

2 *Meadows* u. a., The Limits to Growth – Club of Rome 1972.

3 European Union, Nachhaltige Entwicklung. In: eur-lex.europa.eu, 29.4.2023.

gleich zum vorindustriellen Zeitalter auf „deutlich unter“ 2 °C zu begrenzen, mit Anstrengungen für eine Beschränkung auf 1,5 °C. Dafür legen die Länder umfassende nationale Klimaaktionspläne vor, die alle fünf Jahre erneuert werden. Zudem erfolgt eine Stärkung der Fähigkeit zur Anpassung an den Klimawandel (Klimaschutzfinanzierung für gefährdete Länder).[4]

Die Europäische Union setzt die Vorgaben des Pariser Abkommens im Rahmen des „**European Green Deal**“ um.[5] Da dieser die Grundlage für viele aktualisierte und neue rechtliche Vorgaben im europäischen Raum ist und damit große Relevanz für Nachhaltigkeitsbeauftragte hat, gehen wir darauf noch detaillierter im → Unterkapitel 4.4 ein.

Vielen gehen die politischen Ambitionen nicht weit genug. Daher gibt es immer wieder auch außerpolitische Initiativen. Als Beispiel sei die im Jahr 2019 durch Amazon und die Organisation Global Optimism gegründete „**Climate Pledge**“ genannt. Ihr Ziel ist es, Netto-Null-Kohlenstoffdioxid-Emissionen bereits bis 2040 zu erreichen, sprich zehn Jahre vor dem Pariser Abkommen. Fast 500 Unternehmen haben sich diesem Ziel bereits angeschlossen. Dazu gehören auch globale Konzerne wie HP, Jungheinrich, Heineken, IBM, Unilever oder Siemens. Die Unternehmen wollen das Ziel durch regelmäßige Berichterstattung, Eliminierung von CO_2 und glaubwürdige Kompensationen erreichen.[6]

Im selben Jahr wie das Pariser Abkommen verabschiedeten die Vereinten Nationen die „**Agenda 2030**“. Sie umfasst 17 Nachhaltigkeitsziele (Sustainable Development Goals, SDG’s) die sich nicht rein auf den Schutz des Klimas beziehen, sondern sehr viel weiter gefasst sind. Sie erkennen an, dass eine nachhaltige Entwicklung nur funktionieren kann, wenn sie ökologische, soziale, aber ebenso wirtschaftliche Aspekte ganzheitlich berücksichtigt. Deshalb finden sich Ziele wie die „Maßnahmen zum Klimaschutz“ neben Zielen wie „keine Armut“, „Gesundheit und Wohlergehen“ oder „menschenwürdige Arbeit und Wirtschaftswachstum“.[7] Die Länder setzen diese Ziele über nationale Entwicklungspläne um.[8] Viele Nichtregierungsorganisationen, Unternehmen[9], Individuen etc. verwenden ebenfalls

4 Europäischer Rat, Pariser Klimaschutzübereinkommen. In: consilium.europa.eu, 10.3.2024.

5 Europäische Kommission, Langfristige Strategie – Zeithorizont 2050. In: climate.ec.europa.eu, 7.3.2024.

6 The Climate Pledge, Be the planet’s turning point. In: theclimatepledge.com, 10.3.2024.

7 Vereinte Nationen, Resolution der Generalversammlung, verabschiedet am 25. September 2015. In: un.org, 27.4.2021, S. 15.

8 Zum Beispiel Deutschland: Bundesumweltministeriums, Umsetzung der Nachhaltigkeitsziele in Deutschland. In: bmuv.de, 4.5.2024.

9 Z. B. die Unternehmen Henkel, siehe https://www.henkel.com/sustainability/positions/sustainable-development-goals?Tab-805378_3, zuletzt abgerufen am 28.4.2024, oder

die 17 Nachhaltigkeitsziele der Agenda 2030 mit ihren fast 170 Unterzielen als Grundlage für die Entwicklung eigener Nachhaltigkeitsstrategien. Sie können so aufzeigen, wie sie auch auf kleinster Ebene diese globalen Ziele unterstützen. Die regelmäßige Berichterstattung zur Umsetzung zeigt aber leider, dass zur Halbzeit der Umsetzung (2023) mit den aktuellen Bemühungen keines der 17 Ziele bis 2030 umgesetzt sein wird.[10]

Diese weiter gefasste Definition des Themenkomplexes Nachhaltigkeit wird auch in der Definition der wesentlichen Themen der Corporate Sustainability Reporting Directive (CSRD), der EU-Richtlinie zur Nachhaltigkeitsberichterstattung (siehe auch → Unterkapitel 4.4.1), deutlich. Der Anhang A des European Sustainability Reporting Standard ESRS 1 beschreibt den Umfang der Themen in Bezug auf die „Auswirkungen, Risiken und Chancen des Unternehmens in Bezug auf Umwelt-, Sozial- oder Governance-Aspekte“.[11] Also ganz klar ist Nachhaltigkeit heute nicht mehr nur auf Umweltthemen zu beziehen, sondern als umfassender Begriff auch auf die sozialen Aspekte und die Aspekte der guten Unternehmensführung.

2.2 Vom Shareholder- zum Stakeholder-Ansatz

Gern zitiert wird der gute alte *Milton Friedman* beim Thema Shareholder-Ansatz. Er veröffentlichte 1970 einen spannenden Essay in der New York Times zum Thema der Unternehmensverantwortung mit dem bezeichnenden Titel „The social responsibility of business is to increase its profits“.[12] Er argumentiert darin, dass es die Aufgabe von Unternehmen sei, seinen Kunden Nutzen und seinen Eigentümern (Shareholdern) Profit zu verschaffen.

Im Kern des Shareholder-Ansatzes steht die Gewinnmaximierung für die Eigentümer des Unternehmens. Es sei die Aufgabe der Unternehmensleitung, das Unternehmen rein im Interesse der Eigentümer des Unternehmens zu führen, und deren Interesse sei es demnach, den Gewinn zu maximieren. Weiterhin beschreibt Friedmann, dass soziale Themen entsprechend Aufgabe der jeweiligen Regierung sind, die dieser Aufgabe aufgrund der vom Unternehmen gezahlten Steuern nachkommen können. So wäre auch eine Sozialpolitik nicht dem Gutdünken eines Unternehmens ausgeliefert,

Hipp, Nachhaltigkeitsbericht 2022, https://www.hipp.de/fileadmin/media/DE-AT/pdf/UeberHiPP/HiPP_Nachhaltigkeitsbericht_2022.pdf, S. 11, zuletzt abgerufen am 28.4.2024.

10 Bundesministerium für wirtschaftliche Zusammenarbeit und Entwicklung, Ernüchternde Halbzeitbilanz. In: bmz.de, 4.5.2024.

11 Europäische Kommission, ESRS 1, Anhang A, AR1.

12 *Friedman*, A Friedman doctrine – The Social Responsibility of Business Is to Increase Its Profits.

sondern würde entsprechend einer demokratisch gewählten Regierung nach dem Willen der Gesellschaft erfolgen.

Die Frage jedoch, welchen Interessen das Unternehmen zu dienen hat, ist so einfach heute nicht mehr zu beantworten. Es setzt sich immer mehr die Einstellung durch, dass Unternehmen auch die Interessen anderer Anspruchsgruppen (Stakeholder) zu berücksichtigen haben. Dies spiegelt sich im sogenannten Stakeholder-Ansatz wider.

Stakeholder sind Personen, Personengruppen oder Organisationen, die entweder einen Einfluss auf das Unternehmen haben oder von ihm beeinflusst werden. Sie haben Erwartungen bzw. Forderungen an das Unternehmen. Dazu gehören beispielsweise interne Stakeholder wie Mitarbeiter, Geschäftspartner, wie Kunden, Lieferanten, Eigentümer/Investoren, oder externe Stakeholder wie Nichtregierungsorganisationen, Politik oder Öffentlichkeit. Sehen Sie dazu auch die nachfolgende Abbildung.

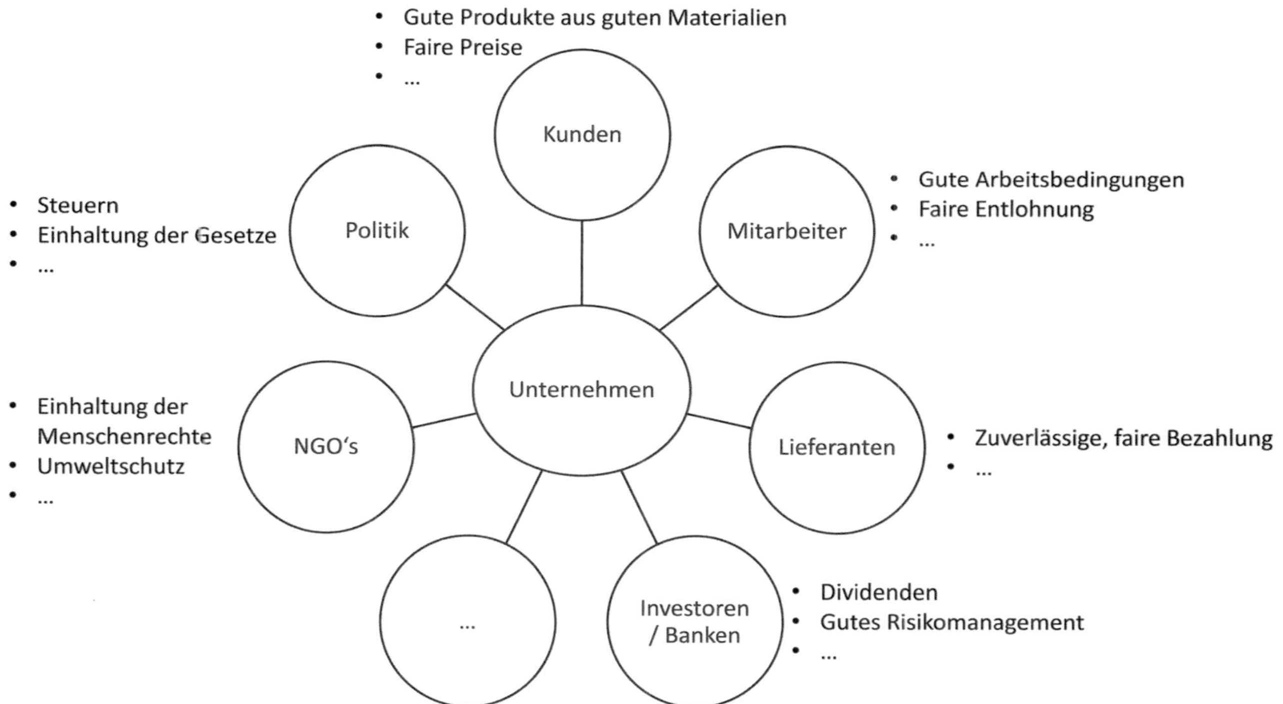

Abbildung 1: Beispiele für Stakeholder und deren Erwartungen

Ziel des Stakeholder-Ansatzes ist es, die Unternehmensstrategie an den Interessen der Stakeholder auszurichten. Dies nicht zu tun, birgt Risiken. So könnte die Nichterfüllung der Erwartungen bzw. Forderungen zu Reputationsschäden führen, wenn dies öffentlich gemacht wird. Ein Beispiel sind die Klagen von Umweltverbänden gegen Unternehmen, die aus ihrer Sicht keine ausreichenden Emissionsreduzierungsziele setzen.[13]

Dabei ist nicht außer Acht zu lassen, dass die Erwartungen bzw. Forderungen durchaus konträr sein können. So können die Gewinnerwartungen der Eigentümer von den Kompensationsforderungen von Mitarbeitern und Lieferanten oder den Preiserwartungen der Kunden oder den Wünschen nach Steuereinnahmen des Staates abweichen. Ähnlich können die Qualitätsanforderungen der Kunden an die Produkte von denen der Lieferanten abweichen.

Ein Unternehmen sollte daher feststellen, welche Stakeholder für es relevant sind, was deren Erwartungen bzw. Forderungen sind, und entscheiden, wie es damit bewusst umgeht.

Es gibt noch andere Ansätze, auf deren Betrachtung an dieser Stelle jedoch verzichtet wird, da der Stakeholder-Ansatz am ehesten mit nachhaltigem Wirtschaften in Verbindung gebracht wird. In jedem Fall zeichnet sich spätestens jetzt ab, dass das Verständnis von Nachhaltigkeit bzw. nachhaltigem Wirtschaften sich von einem reinen Ressourcenthema zu einem sehr viel breiterem Themengebiet entwickeln musste, wie auch die nachfolgenden Konzepte um Corporate Social Responsibility, Triple-Bottom-Line und Environment, Social, Governance (ESG) zeigen.

2.3 Corporate Social Responsibility (CSR)

Corporate Social Responsibility (CSR) ist als Konzept nichts Neues und es gibt keine einheitliche Definition. Es geht darum, dass Unternehmen Verantwortung über das rein wirtschaftliche Interesse hinaus übernehmen. Dies geschah schon vor über 100 Jahren, wenn Unternehmen Wohnungen für Mitarbeiter bauten oder zusätzliche soziale Absicherungen zur Verfügung stellten. Es ist jedoch ein Konzept, das an Relevanz gewonnen hat, weil die Probleme des Planeten nur gemeinschaftlich zu lösen sind und Einzelstaatenlösungen nicht (mehr) ausreichen.

Die Sicht *Friedmans* hinsichtlich der sozialen Verantwortung von Unternehmen (siehe auch → Unterkapitel 2.2) ist umstritten. In der Gesellschaft steigt die Erwartung, dass Unternehmen mehr Verantwortung für das Ge-

13 Es sei an das Beispiel Shell erinnert: Beck-aktuell, Historisches Klima-Urteil: Shell muss CO_2-Emissionen reduzieren. In: rsw.beck.de, 28.4.2024.

meinwohl und die Umwelt übernehmen. Aus diesem Gedanken, angelehnt an den Stakeholder-Ansatz, erwuchs CSR. Sprich, das Unternehmen nicht nur nach Prinzipien der Gewinnmaximierung auszurichten, sondern auch andere Aspekte wie Umweltschutz oder Soziales (z. B. Einhaltung der Menschenrechte) zu berücksichtigen.

Der Grad, nach dem Unternehmen dieses Konzept umsetzen, ist sehr unterschiedlich. Es können reine philanthropische Aktivitäten wie punktuelle Spenden sein oder Umstellungen einzelner angebotener Produkte bzw. Prozesse. Dies ist sicher auch abhängig von der Branche und Region, in der das jeweilige Unternehmen tätig ist.

Es ist festzuhalten, dass diese Aktivitäten nicht gesetzlich vorgeschrieben sind, sondern es sich eher um Aktivitäten handelt, die Unternehmen freiwillig über die regulatorischen Anforderungen hinaus ausführen, z. B. in Form von freiwilligen Selbstverpflichtungen.

Ein immer wieder zitiertes Modell für CSR ist die CSR-Pyramide von *Archie B. Carroll.*[14] Sie wurde bereits in den 70er Jahren entwickelt und beschreibt die verschiedenen Ebenen der Verantwortung für Unternehmen.

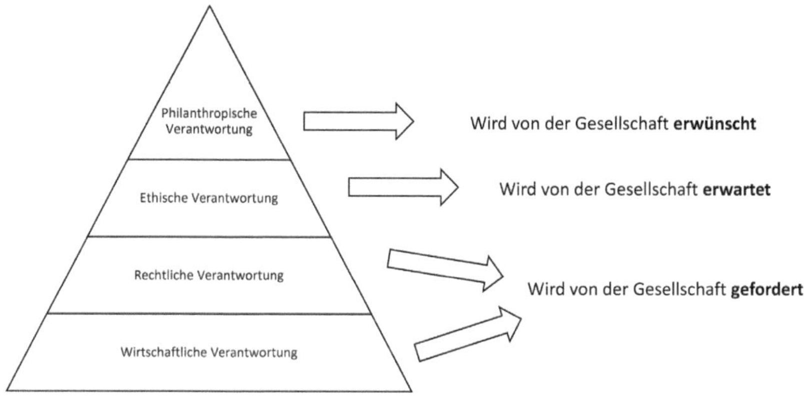

Abbildung 2: Die CSR-Pyramide in Anlehnung an *A. B. Carroll*

Als Basis sieht *A. B. Carroll* die wirtschaftliche und auch rechtliche Verantwortung von Unternehmen. Diese wird unumstößlich von der Gesellschaft gefordert. Das heißt, Unternehmen sollen wirtschaftlich sowie profitabel agieren und Gesetze einhalten. Darüber steht die ethische Verantwortung von Unternehmen, die von der Gesellschaft erwartet wird. Ethische Verantwortung steht für die Einhaltung von ethischen Prinzipien, welche die

14 *Carroll*, The pyramid of corporate social responsibility, S. 42.

Gesellschaft entwickelt, die jedoch nicht gesetzlich definiert sind. Noch weiter darüber die philanthropische Verantwortung, die von der Gesellschaft erwünscht ist.

Neben der Erfüllung gesellschaftlicher Erwartungen und Wünsche können CSR-Initiativen Vorteile für Unternehmen bringen. Ein positiveres Bild des Unternehmens nach außen kann die Präferenz für die Produkte und Dienstleistungen bei den Kunden steigern (und somit die Umsätze) oder bei der Rekrutierung von Mitarbeitern helfen, eventuell sogar die Bindung der Mitarbeiter zum Unternehmen steigern.

Auch wenn die CSR-Pyramide nochmal die Freiwilligkeit von Unternehmen, die oberen beiden Ebenen zu erfüllen, verdeutlicht, ist jedoch nicht zu unterschlagen, dass diese Freiwilligkeit durch die Erwartungen der Stakeholder eingeschränkt sein kann. Und nicht nur das: Durch die regulatorischen Entwicklungen der letzten Jahre wird diese Freiwilligkeit eher mehr und mehr zurückgedrängt und reguliert. Mehr dazu erfahren Sie im → Kapitel 4 zu den rechtlichen Grundlagen.

Zusammenfassend wird CSR meist als die Ausführung von zusätzlichen, freiwilligen, oft punktuellen Aktivitäten von Unternehmen rund um die Nachhaltigkeitsthemen verstanden.

2.4 Triple-Bottom-Line

In den 1990er Jahren entwickelte sich das „Triple-Bottom-Line-Konzept" oder auch „Drei-Säulen-Modell", entwickelt von *John Elkington*.[15] Das geht davon aus, dass Ökologie, Soziales und Ökonomie als Säulen einer nachhaltigen Wirtschaftsweise gleichbedeutend nebeneinanderstehen. Dieses Modell ist das Fundament für die heutige Sicht auf nachhaltiges Wirtschaften.

15 *Elkington*, Enter the Triple Bottom Line.

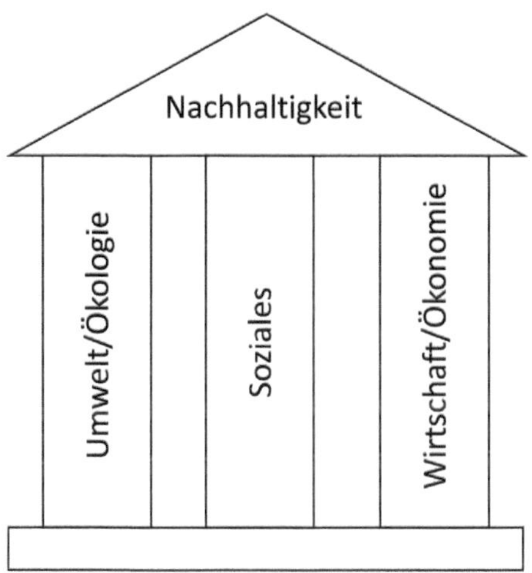

Abbildung 3: Triple-Bottom-Line-Modell

Umwelt bzw. ökologische Säule: Diese Säule umfasst alle benötigten Ressourcen und adressiert Klimaaspekte. Hier finden sich alle Themen um Emissionen, Kreislaufwirtschaft und Müll, Verschmutzung, Biodiversität etc.

Soziale Säule: Diese Säule umfasst alle Themen um Personen, die mit dem Unternehmen in Verbindung stehen. Das sind neben Themen für Mitarbeiter (z. B. Gleichberechtigung, faire Entlohnung, Arbeitsschutz etc.) auch Themen im Zusammenhang mit der Lieferkette (z. B. Menschenrechte etc.), Kunden oder anderen Personen.

Wirtschaft bzw. ökonomische Säule: Diese Säule umfasst die wirtschaftliche Betrachtung des Unternehmens mit dem Ziel der langfristigen Wirtschaftlichkeit.

Neben der Darstellung als gleich starke Säulen für die Nachhaltigkeit ist auch die Darstellung der drei Elemente als Kreise sehr beliebt. Dies stellt die Interaktion der Elemente zueinander besser dar und zeigt, dass keine zwei Elemente ohne das Dritte funktionieren können.

Die ökonomische Säule wird mittlerweile jedoch immer mehr als die Governance-Säule dargestellt, aber das schauen wir uns im nächsten Abschnitt an.

2.5 Environmental, Social, Governance (ESG)

ESG für Environmental, Social, Governance ist wohl die jüngste Abkürzung in diesem Bereich. Geprägt wurde sie im Rahmen eines Berichtes der Finanzdienstleistungsindustrie im Jahr 2004, der auf Anfrage des UN-Generalsekretärs *Kofi Annan* entstand.[16] Sie lehnt sich an das Triple-Bottom-Line-Konzept an, benennt jedoch die Wirtschaftssäule um in „Governance". Governance, sprich gute Unternehmensführung, beschreibt, wie ein Unternehmen organisiert ist, Entscheidungen trifft, Gesetze einhält und ganz allgemein auf die Bedürfnisse externer Stakeholder eingeht. Dazu gehören bspw. konkrete Themen wie Compliance, Ethik, Kompensation der Unternehmensleitung etc.

Bei ESG geht es im Vergleich zu CSR nicht um nur Freiwilligkeit. Die Ursprünge von ESG werden immer wieder unterschiedlich dargestellt, mit CSR verwoben etc. Im Grunde geht es darum, Transparenz zu schaffen und einen Rahmen zu geben, unter dem Unternehmen berichten, was sie rund um die drei Themenblöcke Umwelt, Soziales und Unternehmensführung tun. Diese Transparenz wird vor allem durch Kennzahlen geschaffen, die das Unternehmens zur Steuerung verwendet. Auch Investoren nutzen Kennzahlen, um entsprechende Bewertungen des Unternehmens vornehmen zu können. Sprich, es ist eine Erweiterung der rein finanziellen Kennzahlen um andere Kennzahlen, die Aussagen zu anderen Bereichen und der Zukunftsfähigkeit des Unternehmens erlauben.

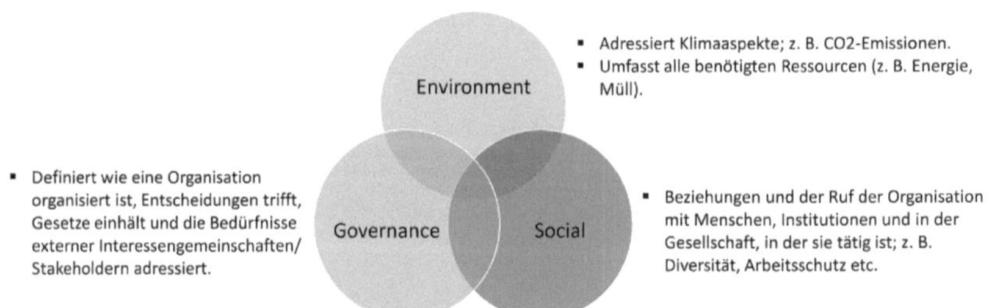

Abbildung 4: Environment – Social – Governance

16 The Global Compact, Who Cares Wins.

2.6 Weitere Entwicklungen

Die Entwicklung ist damit natürlich nicht am Ende und es passiert aktuell sehr viel. Die globalen Probleme wie der Klimawandel bzw. die durch den Klimawandel verursachten Probleme, der (künftige) Mangel an Ressourcen etc. sind nicht erledigt und es wird noch ein langer Weg, damit umzugehen.

Der jährliche Risikobericht des Weltwirtschaftsforums (WEF) zeigt auf, welche Risiken die Staatengemeinschaft aktuell und in Zukunft beschäftigen.[17] Interessant ist ein Vergleich des Berichts aus dem Jahr 2023 mit dem Bericht 2024, weil die Anzahl der kurzfristigen Umweltrisiken in den Top 10 zurückgegangen ist (bzw. von Themen wie Inflation, Krieg und ähnlichem zurückgedrängt worden ist). Jedoch zeigen beide Berichte ein klares Bild für die Situation in zehn Jahren: die Mehrheit der Top-10-Risiken werden Umweltrisiken sein – egal, ob extreme Wetterereignisse, Biodiversitätsverlust, Mangel an Ressourcen etc. Ebenso gehören Auswirkungen dieser Risiken mit dazu, wie ungewollte Migrationen und Anstieg der Ungleichheiten. Wenn bis 2050 die Weltbevölkerung auf fast 10 Milliarden Menschen anwächst und dies ca. 60% mehr Nahrungsmittel erfordern wird,[18] obwohl durch die extremen Katastrophen eher weniger Land zum Anbau zur Verfügung stehen wird, zeigt das doch deutlich den Handlungsbedarf.

Da es sich nicht um Probleme handelt, die ein Mensch, ein Unternehmen oder gar eine Regierung lösen kann, sind ganzheitliche Ansätze und globale Bewegungen notwendig. Es muss ein Umdenken stattfinden, wie wir wirtschaften, konsumieren, schlicht: leben. Nur gemeinsam wird dies zu schaffen sein.

Zwei Ansätze, die Sie vielleicht dazu motivieren, hierzu noch tiefer einzusteigen:

„**Doughnut economics**“: *Kate Raworth* erläutert dieses Konzept in ihrem Buch „Doughnut Economics: Seven Ways to Think Like a 21st-Century Economist“ aus dem Jahr 2017. Im Wesentlichen geht es darum, Wirtschaften als Ring zwischen zwei Grenzen zu begreifen, der wie ein Doughnut dargestellt wird:

1. An der Außengrenze, den verfügbaren, limitierten natürlichen Ressourcen und Systemen unseres Planeten, wie Klima, Ozonschicht etc., basierend auf einem Konzept von neun planetaren Grenzen als Obergrenzen.
2. Nach innen hin begrenzt durch zwölf gesellschaftliche Grundlagen wie Essen, Gesundheit, Frieden, Ausbildung etc., basierend auf den minimalen sozialen Standards der Nachhaltigkeitsziele der Vereinten Nationen als Mindeststandards.

17 World Economic Forum, Global Risks Report 2024. In: weforum.org, 20.4.2024.
18 *Ranganathan* u. a., How to Sustainably Feed 10 Billion People by 2050.

Zwischen diesen Ringen befindet sich der „environmentally safe and socially just space in which humanity can thrive“.[19]

Public-Private Partnerships (PPP): Diese sind erst einmal nichts Neues. Projekte zwischen Privatwirtschaft und Politik sind absolut gängig; z. B. beim Bau von Straßen oder Krankenhäusern etc. Der Einfluss der Privatwirtschaft auf die Politik wird jedoch auch teilweise kritisch gesehen. Ihre Relevanz steigt, um aktuelle globale Probleme gemeinsam angehen zu können. Ein Beispiel hierfür ist das Weltwirtschaftsforum, welches ein starker Treiber für PPP's ist. Gegründet 1971 und seit 2015 als internationale Organisation für Public-Private Cooperation anerkannt,[20] möchte es mit dem Stakeholder-Ansatz eine Kooperation zwischen Politik, Wirtschaft, Wissenschaft, der Zivilgesellschaft und anderen gesellschaftlichen Vorbildern schaffen, um die globalen Probleme gemeinsam lösen zu können. Das jährliche Weltwirtschaftsforum in Davos ist sicher jedem ein Begriff.

2.7 Fazit

Es gibt eine Vielzahl an Begrifflichkeiten, die zudem jeweils auch unterschiedlich definiert und eingesetzt werden. Weiterhin überschneiden sie sich sehr stark. Es geht schon lange nicht mehr nur um die Schonung von Ressourcen und Rettung vor dem Klimawandel. Viele andere Themen – teilweise ausgelöst durch den verantwortungslosen Umgang mit Ressourcen und dem Klima – stehen längst auf der Agenda und lassen uns nicht mehr los. Es ist nur bedingt klar, in welche Richtung sich die verschiedenen Themen künftig entwickeln, aber noch ist es möglich, etwas zu tun. Die Lösungen können aber nur kommen, wenn die Probleme jedem und jeder bewusst sind und wir sie alle gemeinsam angehen. Dafür reicht keine einzelne Person, kein einzelnes Unternehmen und kein einzelnes Land. Es fordert ein generelles Umdenken. Im Kern steht jedoch das Triple-Bottom-Line-Konzept, ergänzt um das Thema Governance, gute Unternehmensführung. Dies erkennt schlicht an, dass gutes Wirtschaften nur möglich ist, wenn es Umwelt- und soziale Themen gleichberechtigt berücksichtigt.

---

19 *Raworth*, Doughnut economics. Seven ways to think like a 21st century economist, S. 11.

20 World Economic Forum, Our Mission. In: weforum.org, 21.4.2024.

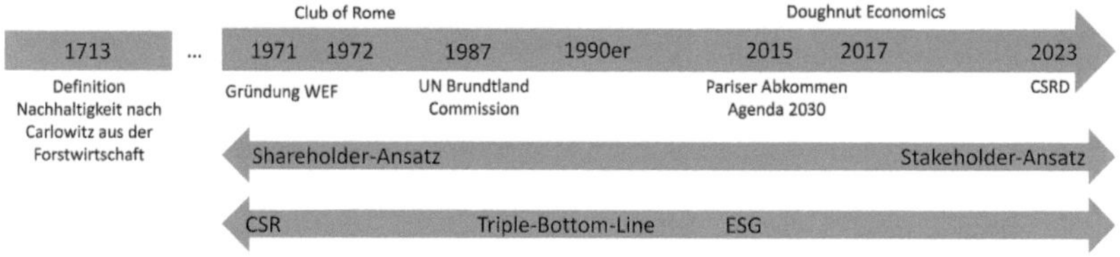

Abbildung 5: Zeitlicher Abriss der Entwicklung unseres Verständnisses für Nachhaltigkeit

Im folgenden Kapitel schauen wir uns das fiktive Beispielunternehmen an, anhand dessen wir uns die nachfolgenden Kapitel veranschaulichen wollen. Danach steigen wir direkt in die vielen rechtlichen Vorgaben ein.

3. Unser Beispiel: die Spielz-Werke GmbH & Co. KG

Zur Veranschaulichung der unterschiedlichen Aspekte bezieht sich dieses Buch immer wieder auf ein fiktives Beispielunternehmen, die Spielz-Werke GmbH & Co. KG (Spielz-Werke).[21]

Dieses Unternehmen produziert und vertreibt Spiele und Spielzeuge aus verschiedenen Materialien. Es hat seinen Hauptsitz in einer deutschen Kleinstadt und Tochtergesellschaften in Frankreich und Vietnam. Der Vertrieb erfolgt sowohl über die gängigen Spielwarenketten als auch über einen eigenen Onlineshop, und ein eigenes Netz von Ladengeschäften befindet sich im Aufbau. Zehn davon befinden sich in Deutschland und drei in Frankreich. Ein Netzwerk von ca. 500 Lieferanten weltweit stellt die notwendigen Rohstoffe, Bauteile, Dienstleistungen etc. zur Verfügung. Insgesamt gibt es 770 Mitarbeiter, davon 400 in Deutschland (davon 200 am Hauptsitz), 120 in Frankreich und 250 in Vietnam. Der Umsatz betrug im letzten Jahr 150 Mio. Euro und die Bilanzsumme 100 Mio. Euro.

Stellen wir uns vor, dieses Unternehmen hat bereits einzelne Initiativen zur Abfalltrennung und Reduzierung von Treibhausgasemissionen gestartet. Die Marketingabteilung hat eine kurze Informationsbroschüre zum Thema veröffentlicht. Jedoch erhält es immer mehr Anfragen nach Nachhaltigkeitsinformationen und den Initiativen des Unternehmens hinsichtlich Emissionsreduzierung, Herkunft seiner Produkte etc. – dies nicht nur von seinen Geschäftspartnern, sondern auch immer mehr von Privatkunden und Verbraucherverbänden. Kunden fragen vermehrt Spielzeuge aus natürlichen Rohstoffen an. Zudem bekommt es mit, dass die rechtlichen Anforderungen steigen. Es gibt immer mehr Abkürzungen wie ESG, EU-DR, CSRD, GHG/THG. Bei der letzten Finanzierungsrunde fragten die Banken ESG-Kennzahlen ab und auf Nachfrage wurde klar, dass diese nun auch einen Einfluss auf die Vergabe von Finanzmitteln haben.

Um aus diesem Wirrwarr herauszukommen, möchte die Spielz-Werke GmbH & Co. KG daher ein Nachhaltigkeitsmanagementsystem mit Nachhaltigkeitsstrategie entwickeln. Es überlegt, eine Person für Nachhaltigkeit einstellen.

In den nächsten Kapiteln betrachten wir allgemeine Themen wie die rechtlichen Grundlagen für Nachhaltigkeit, die mögliche organisatorische Ausgestaltung und die Themen Kompetenzen und Ausbildung. Jeweils am Ende dieser Kapitel betrachten wir die Bedeutung für die Spielz-Werke. Im

21 Anmerkung: Dieses Beispiel ist rein fiktiv und nicht allgemein gültig. Jedes Unternehmen hat eine andere Ausgangssituation und befindet sich an unterschiedlichen Stadien hinsichtlich der Ausrichtung an Nachhaltigkeitsprinzipien. Dennoch veranschaulicht es hoffentlich an der einen oder anderen Stelle die jeweilige Thematik.

3. Unser Beispiel: die Spielz-Werke GmbH & Co. KG

→ Kapitel 8 geht es um die Entwicklung einer Nachhaltigkeitsstrategie und eines entsprechenden Nachhaltigkeitsmanagementsystems. Dies erarbeiten wir am konkreten Beispiel dieser Firma.

4. Rechtliche Grundlagen

Dieses Kapitel beschäftigt sich mit einem Auszug der rechtlichen Vorgaben zu Nachhaltigkeit, ESG, CSR etc., dies zunächst auf der eher gesellschaftsrechtlichen Ebene, betrachtet dann beispielhaft das deutsche Lieferkettensorgfaltspflichtengesetz (LkSG) und gibt einen Überblick über die Initiativen auf europäischer Ebene. Abschließend betrachten wir kurz weitere spezielle rechtliche Verpflichtungen und natürlich auch, inwiefern all das Anwendung auf unser Beispielunternehmen, die Spielz-Werke hat. Diese Aufstellung wird und kann leider nicht vollständig sein, gibt jedoch hoffentlich einen ersten Einblick in die Komplexität des Themas.

4.1 Grundsätzliche Verpflichtungen

4.1.1 Gesellschaftsrechtlich

Entsprechend den gesetzlichen Vorschriften (§ 43 GmbHG, § 76 AktG) ist die Unternehmensleitung dazu angehalten, sich bei der Amtsführung gesetzestreu zu verhalten (Legalitätsprinzip). Sie ist weiterhin verpflichtet, organisatorische Maßnahmen einzuführen, die rechtstreues Verhalten aller Unternehmensangehörigen sicherstellen, die sogenannte Legalitätskontrollpflicht. Sprich, die Verpflichtung, Strukturen zu schaffen, die Gesetzesverstöße auf nachfolgenden Ebenen (unterhalb der Unternehmensleitung) zu verhindern versuchen. Diese allgemeinen Sorgfaltspflichten sind auch in der sogenannten Business Judgment Rule beschrieben (§ 93 Abs. 1 Satz 2 AktG). Diese stellt die Unternehmensleitung (z. B. Vorstände, Geschäftsführer) unter genau bezeichneten Bedingungen haftungsfrei, wenn diese bei Ausübung ihres Ermessens Fehlentscheidungen getroffen haben, die zu einem Schaden geführt haben, sofern eine ausreichende Sorgfalt vorlag („Eine Pflichtverletzung liegt nicht vor, wenn das Vorstandsmitglied bei einer unternehmerischen Entscheidung vernünftigerweise annehmen durfte, auf der Grundlage angemessener Information zum Wohle der Gesellschaft zu handeln." § 93 Abs. 1 Satz 2 AktG). Ist dies nicht der Fall, haften die Geschäftsführer und Vorstände für den entstandenen Schaden (§ 43 Abs. 2 GmbHG, § 93 Abs. 2 AktG).

Insofern besteht eine Verpflichtung der Unternehmensleitung, die Einhaltung der gesetzlichen Regelungen auch für Nachhaltigkeitsthemen sicherzustellen und zu überwachen. Die Unternehmensleitung muss daher auch überprüfen, ob die aktuelle Organisation (z. B. bestehende Nachhaltigkeitsfunktionen etc.) angemessen und wirksam ist, um dieser Aufgabe nachzukommen.

Darüber hinaus ist die Unternehmensleitung verpflichtet, ein Risikomanagement und ein Compliance-Management einzurichten. Nach § 91 Abs. 2 Aktiengesetz (AktG) muss der Vorstand ein Früherkennungssystem für bestandsgefährdende Risiken einführen. Nach § 91 Abs. 3 AktG müssen Vorstände börsennotierter Unternehmen weiterhin ein „im Hinblick auf den Umfang der Geschäftstätigkeit und die Risikolage des Unternehmens angemessenes und wirksames internes Kontrollsystem und Risikomanagementsystem“ einrichten.

Da der Themenkomplex Nachhaltigkeit viele Umwelt-, soziale und allgemeine Unternehmensführungsthemen umfasst, aus denen sich (bestandsgefährdende) Risiken ergeben können, besteht eine Verpflichtung für Unternehmen, diese zu identifizieren und zu steuern. Risiken sind auch unter den Vorgaben der Corporate Sustainability Reporting Directive (CSRD) ein elementarer Bestandteil für die Wesentlichkeitsanalyse.

Aus dem Deutschen Corporate Governance Kodex ergibt sich die Verpflichtung zu Compliance, d. h. die Verpflichtung zur konzernweiten Einhaltung gesetzlichen Bestimmungen und unternehmensinterner Richtlinien. Hiernach muss der Vorstand regelmäßig auch den Aufsichtsrat hinsichtlich des Risiko- und Compliance-Managements informieren. Diese Compliance-Verpflichtung ist für Nachhaltigkeit wichtig, weil es mittlerweile so viele gesetzliche Vorgaben gibt, dass diese durchaus auch Compliance betreffen (können).

Die Überwachungsorgane sind verpflichtet, die Wirksamkeit zu überprüfen. Dies ergibt sich aus dem § 107 Abs. 3 AktG für die Wirksamkeit des Risikomanagement- und internen Kontrollsystems und dem DCGK für die Wirksamkeitsprüfung von Compliance.

Wer jetzt denkt, dass ihn diese Vorgaben nicht betreffen, weil er oder sie für eine Gesellschaft mit beschränkter Haftung arbeitet, täuscht sich. Diese Vorgaben haben eine sogenannte Ausstrahlwirkung auf andere Gesellschaftsformen, wie die Unternehmen mit beschränkter Haftung (auch beschrieben im Gesetz zur Kontrolle und Transparenz im Unternehmensbereich – KonTraG).

4.1.2 Deutscher Corporate Governance Kodex (DCGK)

Grundsätzlich steht Corporate Governance für die Ausgestaltung der Unternehmensleitung und der Unternehmenskontrolle. Sie beschreibt die Prinzipien und Regeln, unter denen eine Unternehmung agiert. Sofern es sich um eine juristische Person handelt, finden sich diese Prinzipien und Regeln in der Satzung bzw. dem Gesellschaftsvertrag wieder. Dieser beschreibt den Unternehmenszweck, die Eigentümerstruktur und Rechte der Eigentümer sowie weitere organisatorische Regelungen (§ 8 GmbHG bzw. § 23 AktG). Die Ausgestaltung der Corporate Governance hat sich in den letzten Jahren immer weiter gewandelt. So wurde die Verantwortung der Unternehmensleitungen verschärft, wie beispielsweise in den USA durch den Sarbanes-Oxley Act (2002), der die persönliche Haftung für die Unternehmensleitung einführte ebenso wie die Pflicht, ein internes Kontrollsystem einzurichten und zu prüfen.[22] Ein weiteres wichtiges Element der Corporate Governance ist die Schaffung von Transparenz über die Aktivitäten des Unternehmens gegenüber allen Stakeholdern. Neben entscheidungsrelevanten gesetzlich vorgeschriebenen Informationen fallen darunter auch freiwillige Berichterstattungen wie eine freiwillige Nachhaltigkeitsberichterstattung.

Deutscher Corporate Governance Kodex (2022): Seit 2002 erarbeitet die „Regierungskommission Deutscher Corporate Governance Kodex" den DCGK. Das Bundesministerium der Justiz und für Verbraucherschutz macht ihn im amtlichen Teil des Bundesanzeigers bekannt.[23] Entsprechend dem § 161 AktG müssen kapitalmarktorientierte Gesellschaften eine Entsprechungserklärung zu den Empfehlungen des DCKG abgeben. Neben den Grundsätzen, welche die rechtlichen Vorgaben verantwortungsvoller Unternehmensführung aufführen, enthält der DCGK sogenannte „Empfehlungen" und „Anregungen". Unternehmen können von Empfehlungen abweichen, müssen dies jedoch nach dem Prinzip „Comply or Explain" begründen. Es ist möglich, Anregungen ohne Begründung auszulassen.[24] Da es sich um ein sehr umfassendes Werk zur guten Corporate Governance handelt, nutzen auch nicht-kapitalmarktorientierte Unternehmen den DCGK als Grundlage für die Ausgestaltung ihrer Corporate Governance.

Die Regierungskommission aktualisiert den DCGK regelmäßig, um ihn an die aktuellen wirtschaftlichen, rechtlichen und gesellschaftlichen Rahmenbedingungen anzupassen. Die letzte Aktualisierung erfolgte 2022 und sieht nunmehr „Nachhaltigkeit als integrale[n] Bestandteil der Unternehmensführung".[25] Dies liegt entsprechend an den politischen und gesellschaftlichen Entwicklungen der letzten Jahrzehnte, durch die Nachhaltigkeit bzw. CSR bzw. ESG immer wichtiger geworden sind und Unternehmen eher einen Stakeholder-Ansatz leben sollen (→ Unterkapitel 2.2). Nachdem Nachhaltigkeit bisher eher eine freiwillige Selbstverpflichtung der Unternehmen war, wird diese Verantwortung nun auch in den Anforderungen an die Corporate Governance verankert. Der DCGK greift das Thema Nachhaltigkeit mehrfach auf:

Präambel: Bereits die Präambel präzisiert die gesellschaftliche Verantwortung des Unternehmens und seiner Organe und den Einfluss von „Sozial- und Umweltfaktoren" auf den Unternehmenserfolg. Dies wurde um die „Auswir-

22 U.S. Securities and Exchange Commission, Sarbanes Oxley Act. In: investor.gov, 1.5.2024. Sec. 302 und 404.

23 Regierungskomission, Deutscher Corporate Governance Kodex 2022.

24 Regierungskomission, Deutscher Corporate Governance Kodex 2022, S. 2.

25 Regierungskomission Deutscher Corporate Governance Kodex, Pressemitteilung.

kungen auf Mensch und Umwelt" der Tätigkeiten des Unternehmens erweitert. Sie fordert weiter: „Vorstand und Aufsichtsrat berücksichtigen dies bei der Führung und Überwachung im Rahmen des Unternehmensinteresses."[26] Dies erweitert die Verantwortung des Vorstands und Aufsichtsrats.

Verantwortung des Vorstands: Da es keine gesetzlichen Änderungen zu den Geschäftsführungsaufgaben des Vorstandes gab, wurden die Grundsätze nicht geändert, aber um zwei Empfehlungen ergänzt.

„Der Vorstand soll die mit den Sozial- und Umweltfaktoren verbundenen Risiken und Chancen für das Unternehmen sowie die ökologischen und sozialen Auswirkungen der Unternehmenstätigkeit systematisch identifizieren und bewerten. In der Unternehmensstrategie sollen neben den langfristigen wirtschaftlichen Zielen auch ökologische und soziale Ziele angemessen berücksichtigt werden. Die Unternehmensplanung soll entsprechende finanzielle und nachhaltigkeitsbezogene Ziele umfassen." (Empfehlung A.1)

Diese Empfehlung reflektiert deutlich den Übergang von einem Shareholder- zu einem Stakeholder-Ansatz. So sollen Unternehmen ganz klar nicht mehr nur rein finanzielle Betrachtungen berücksichtigen, sondern auch nachhaltigkeitsbezogene Ziele.

„Das interne Kontrollsystem und das Risikomanagementsystem sollen, soweit nicht bereits gesetzlich geboten, auch nachhaltigkeitsbezogene Ziele abdecken. Dies soll die Prozesse und Systeme zur Erfassung und Verarbeitung nachhaltigkeitsbezogener Daten mit einschließen." (Empfehlung A.3)

Wie wir bereits in → Unterkapitel 4.1.1 gesehen haben, besteht die Pflicht, ein internes Kontrollsystem und ein Risikomanagementsystem vorzuhalten, sowieso. Diese Empfehlung präzisiert die Ausgestaltung, sprich die Forderungen, auch nachhaltigkeitsbezogene Ziele abzudecken. Des Weiteren kann die Forderung nach Prozessen und Systemen zur Erfassung und Verarbeitung nachhaltigkeitsbezogener Daten auch als Vorbereitung für die verschärfte Nachhaltigkeitsberichterstattung (CSRD) gesehen werden.

Verantwortung des Aufsichtsrats: Der Aufsichtsrat ist in der Pflicht, den Vorstand zu überwachen und zu beraten (Grundsatz 6). Nur ein Thema, das diese Pflicht umfasst, wurde präzisiert, und dies sind nunmehr Nachhaltigkeitsfragen: die „Überwachung und Beratung umfassen insbesondere auch Nachhaltigkeitsfragen."

Das Kompetenzprofil des Aufsichtsrats wurde in Empfehlung C.1 um „Expertise zu den für das Unternehmen bedeutsamen Nachhaltigkeitsfragen" ergänzt. Eine ähnliche Kompetenzerweiterung gilt auch für den nach Grundsatz 14 einzurichtenden Prüfungsausschuss. Dieser soll nach der Empfehlung D.3 über Sachverstand auch im Bereich Rechnungslegung und

26 Regierungskomission, Deutscher Corporate Governance Kodex 2022, S. 2.

Abschlussprüfung verfügen, wobei zur „Rechnungslegung und Abschlussprüfung […] auch die Nachhaltigkeitsberichterstattung und deren Prüfung“ gehören.

Nachhaltigkeit ist somit für deutsche Unternehmen ganz klar aus der Unternehmensverantwortung nicht mehr wegzudenken.

4.1.3 Mindestanforderungen an das Risikomanagement

Die Bundesanstalt für Finanzdienstleistungsaufsicht (BaFin) gibt seit 2005 in Form eines Rundschreibens Vorgaben für die Ausgestaltung des Risikomanagements von Kreditinstituten vor.[27] Diese „Mindestanforderungen an das Risikomanagement“ (MaRisk) wurden zuletzt im Juni 2023 aktualisiert. In dieser Aktualisierung definiert die BaFin „Vorgaben zum Thema Nachhaltigkeit und stellt klar, dass die Institute ihre Nachhaltigkeitsrisiken mit Hilfe von wissenschaftlich fundierten Szenarien messen sollen“.[28] Konkret fließen ESG-Risiken als speziell erwähnte Risikogruppe auf allen Ebenen des Risikomanagements ein. Es sei anzumerken, dass kaum eine andere Risikogruppe so explizit erwähnt wird. Interessant sind diese Vorgaben, weil sie auch für Unternehmen außerhalb der Finanzdienstleistungsbranche zumindest eine gute Inspiration für die Ausgestaltung geben können. Für Nachhaltigkeitsbeauftragte dieser Institutionen ist die MaRisk unbedingte Pflichtlektüre.

Einige Beispiele aus den Vorgaben der MaRisk:

- AT 2.2 Tz. 1 Risiken: „[…] Zur Beurteilung der Wesentlichkeit hat sich die Geschäftsleitung regelmäßig und anlassbezogen im Rahmen einer Risikoinventur einen Überblick über die Risiken des Instituts zu verschaffen, wobei die Auswirkungen von ESG-Risiken angemessen und explizit einzubeziehen sind (Gesamtrisikoprofil).“
- AT 3 Tz. 1 Gesamtverantwortung der Geschäftsleitung: „Die Geschäftsleiter werden dieser Verantwortung [einer ordnungsgemäßen Geschäftsorganisation und deren Weiterentwicklung] nur gerecht, wenn sie die Risiken, einschließlich ESG-Risiken, beurteilen können und die erforderlichen Maßnahmen zu ihrer Begrenzung treffen.“
- AT 4.1 Tz. 1 Risikotragfähigkeit: „Auf der Grundlage des Gesamtrisikoprofils ist sicherzustellen, dass die wesentlichen Risiken des Instituts durch das Risikodeckungspotenzial, unter Berücksichtigung von Risikokonzentrationen, laufend abgedeckt sind und damit die Risikotragfähig-

27 BaFin, Rundschreiben – Rundschreiben 05/2023 (BA) – MaRisk BA. In: bafin.de, 4.5.2024, AT1.

28 BaFin, BaFin veröffentlicht 7. MaRisk-Novelle. In: bafin.de, 3.3.2024.

keit gegeben ist. Die Auswirkungen von ESG-Risiken [...] sind angemessen und explizit zu berücksichtigen.
- AT 4.2 Tz. 2 Strategien: „Die Geschäftsleitung hat eine mit der Geschäftsstrategie und den daraus resultierenden Risiken konsistente Risikostrategie festzulegen. Die Risikostrategie hat [...] unter expliziter und angemessener Berücksichtigung der Auswirkungen von ESG-Risiken, die Ziele der Risikosteuerung der wesentlichen Geschäftsaktivitäten sowie die Maßnahmen zur Erreichung dieser Ziele zu umfassen."
- AT 4.3.2 Tz. 1 Risikosteuerungs- und -controllingprozesse: „Das Institut hat angemessene Risikosteuerungs- und -controllingprozesse einzurichten, die eine 1. Identifizierung, 2. Beurteilung, 3. Steuerung sowie 4. Überwachung und Kommunikation der wesentlichen Risiken und explizit der Auswirkungen von ESG-Risiken und damit verbundener Risikokonzentrationen gewährleisten."
- AT 4.4.1 Tz. 1 Risikocontrolling-Funktion: „Jedes Institut muss über eine unabhängige Risikocontrolling-Funktion verfügen, die für die angemessene Überwachung und Kommunikation der wesentlichen Risiken unter Berücksichtigung der Auswirkungen von ESG-Risiken zuständig ist."
- AT 5 Organisationsrichtlinien: „Die Organisationsrichtlinien haben auch Regelungen zur Berücksichtigung der Auswirkungen von ESG-Risiken zu beinhalten."
- BTR 4 Tz. 2 Operationelle Risiken: „Es muss gewährleistet sein, dass wesentliche operationelle Risiken zumindest jährlich identifiziert und beurteilt werden. Dabei sind die Auswirkungen von ESG-Risiken angemessen zu berücksichtigen."
- BT 3.2 Tz. 1 Berichte der Risikocontrolling-Funktion: „Die Risikocontrolling-Funktion hat regelmäßig, mindestens aber vierteljährlich, einen Gesamtrisikobericht über die als wesentlich eingestuften Risikoarten unter Berücksichtigung der Auswirkungen von ESG-Risiken zu erstellen und der Geschäftsleitung vorzulegen."

4.2 Lieferkettensorgfaltspflichtengesetz (LkSG)[29]

Das Lieferkettensorgfaltspflichtengesetz (LkSG) findet seit 2023 für Unternehmen mit mehr als 3.000 Mitarbeitenden in Deutschland Anwendung und seit 2024 für Unternehmen mit mehr als 1.000 Mitarbeitenden. Ziel ist die Stärkung der Menschenrechte (z. B. Schutz vor Kinderarbeit, Recht auf faire Löhne) und des Umweltschutzes (letzteres beschränkt auf bestimmte umweltbezogene Risiken, wenn sie zu Menschenrechtsverletzungen führen

29 Bundesministerium für Arbeit und Soziales, BMAS – Lieferkettengesetz. In: bmas.de, 10.3.2024.

oder Stoffe betreffen, die für Mensch und Umwelt gefährlich sind) in der Lieferkette, aber auch für den eigenen Geschäftsbereich. Dafür müssen Unternehmen in Deutschland verstärkte Sorgfaltspflichten erfüllen. Dazu gehören die:

1. Durchführung einer Risikoanalyse: Identifikation, Bewertung und Priorisierung der Risiken in der Lieferkette,
2. Veröffentlichung einer Grundsatzerklärung,
3. Durchführung von Maßnahmen zur Vermeidung oder Minimierung von Verstößen gegen Menschenrechte oder die Umwelt,
4. Einrichtung eines Beschwerdekanals, der auch für Externe (z.B. Mitarbeiter von Lieferanten) offensteht,
5. Regelmäßige Berichterstattung.

Dieses Gesetz verhindert durch die Betrachtung der vorgelagerten Lieferkette und des eigenen Geschäftsbereichs die Auslagerung von Fehlverhalten in die Lieferkette.

4.3 Der European Green Deal und seine Konsequenzen

Die Europäische Kommission beschreibt den European Green Deal als langfristiges Ziel wie folgt:

> „The EU aims to be climate-neutral by 2050 – an economy with net-zero greenhouse gas emissions. This objective is at the heart of the European Green Deal, and is a legally binding target thanks to the European Climate Law. […]
>
> The EU can lead the way by investing in technological solutions, empowering citizens and ensuring action to support a smooth and just transition in key areas such as industrial policy, finance, and research.
>
> The pursuit of climate neutrality is also in line with the EU's commitment to global climate action under the Paris Agreement."[30]

Der „EU Green Deal" mit dem Ziel von Netto-Null-Treibhausgasemissionen und somit der Einhaltung des Pariser Klimaabkommens wurde 2019 verabschiedet. Er soll „die europäische Wirtschaft moderner, ressourcenschonender und wettbewerbsfähiger" machen und umfasst alle Politikfelder. Um das Ziel zu erreichen, sind bestehende Gesetze anzupassen und neue zu erlassen. Zudem sind die EU-Mitgliedstaaten angehalten, nationale Energie- und Klimaschutzpläne zu erstellen, in denen sie aufzeigen, wie sie die Ziele erreichen wollen. Das EU-Klimaschutzgesetz aus dem

30 Europäische Kommission, Langfristige Strategie – Zeithorizont 2050. In: climate.ec.europa.eu, 7.3.2024.

Jahr 2021 verankert u. a. das Ziel der Treibhausgasneutralität bis 2050 sowie einer Treibhausgasreduktion von 55 % bis 2030 im Vergleich zu 1990. „Fit-for-55“ ist ein Klimapaket ebenfalls aus dem Jahr 2021, bestehend aus 13 Strategie- und Legislativvorschlägen, das die Umsetzung der Treibhausgasreduktionsziele (mindestens 55 % bis 2030 im Vergleich zu 1990 und Treibhausgasneutralität in 2050) unterstützen soll. Dazu gehören u. a. Erneuerbare-Energien-Richtlinie, die Energieeffizienz-Richtlinie, die EU-Emissionshandelsrichtlinie sowie die Verordnung für einen CO_2-Grenzausgleichsmechanismus.[31]

Diese überarbeiteten und neuen rechtlichen Vorgaben sind für Nachhaltigkeitsbeauftragte von großer Relevanz und eine gewisse Kenntnis zumindest der für das eigene Unternehmen relevanten Vorgaben ist unabdingbar, um Nachhaltigkeitsstrategie und -managementsystem aufbauen zu können.

Aus diesem Themenstrauß beschäftigen sich die nächsten Abschnitte daher mit einem überblickshaften, aber zwangsläufig unvollständigen Ausschnitt, um einen ersten Eindruck zur Komplexität zu geben. Dazu gehören die eher umfassenden Anforderungen für die Nachhaltigkeitsberichterstattung (Corporate Sustainability Reporting Directive, CSRD) ebenso wie die spezielle Berichterstattungspflicht der EU-Taxonomie-Verordnung. Neben diesen eher allgemeinen rechtlichen Anforderungen an die Nachhaltigkeitsberichterstattung können weitere Pflichten abhängig vom Unternehmen bestehen. Als Beispiele sollen hier kurz die Entwaldungsverordnung (EU-DR), der Emissionshandel nach dem Emission Trading System (ETS), der Carbon Border Adjustment Mechanism (CBAM), die Greenwashing Directive und die EU Corporate Sustainability Due Diligence Directive (EU-CSDDD, das europäische Lieferkettensorgfaltspflichtengesetz) erwähnt sein.

Eine zeitliche Übersicht über die Relevanz der einzelnen Regelungen finden Sie in nachfolgender Abbildung.

31 Umweltbundesamt, Klima- und Energiepolitik in der EU. In: umweltbundesamt.de, 9.3.2024.

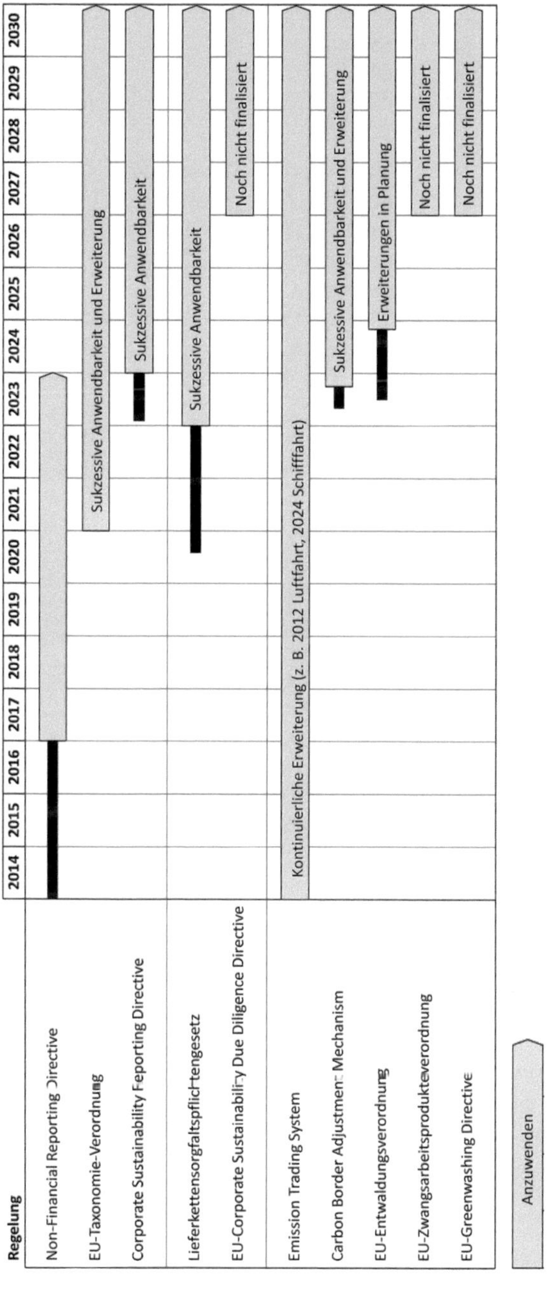

Regelung	2014	2015	2016	2017	2018	2019	2020	2021	2022	2023	2024	2025	2026	2027	2028	2029	2030
Non-Financial Reporting Directive																	
EU-Taxonomie-Verordnung								Sukzessive Anwendbarkeit und Erweiterung									
Corporate Sustainability Reporting Directive											Sukzessive Anwendbarkeit						
Lieferkettensorgfaltspflichtengesetz										Sukzessive Anwendbarkeit							
EU-Corporate Sustainability Due Diligence Directive														Noch nicht finalisiert			
Emission Trading System	Kontinuierliche Erweiterung (z. B. 2012 Luftfahrt, 2024 Schifffahrt)																
Carbon Border Adjustment Mechanism										Sukzessive Anwendbarkeit und Erweiterung							
EU-Entwaldungsverordnung												Erweiterungen in Planung					
EU-Zwangsarbeitsprodukteverordnung														Noch nicht finalisiert			
EU-Greenwashing Directive														Noch nicht finalisiert			

Anzuwenden

Umsetzung

Abbildung 6: Zeitliche Einordnung der EU-Richtlinien und anderer Regularien

Es könnte der Eindruck entstehen, dass diese gesetzlichen Vorschriften hauptsächlich auf das „E“ in ESG abzielen, sprich die Umweltthemen. Dem ist jedoch nicht so. Sowohl die CRSD als auch die EU-Taxonomie, die EU-CSDDD etc. berücksichtigen die Auswirkungen auf Menschen und/oder die Einhaltung von Menschenrechten.

Um die Umsetzungsbedingungen der nachfolgenden Regularien besser zu verstehen, ist es wichtig, den Unterschied zwischen EU-Verordnungen („Regulation“) und EU-Richtlinien („Directive“) zu verstehen. EU-Verordnungen gelten mit dem verabschiedeten Text nach Inkrafttreten sofort für alle EU-Mitgliedstaaten. Sie können Öffnungsklauseln beinhalten, die es den Mitgliedstaaten ermöglichen, bestimmte Aspekte selbst bzw. über die Vorgaben der Verordnung zu regulieren. Im Vergleich dazu müssen die EU-Mitgliedstaaten EU-Richtlinien erst in eigene nationale Gesetze umsetzen bzw. in bestehende Gesetze integrieren. Für diese Umsetzung stehen meist 18 bis 24 Monate zur Verfügung. Es wird klar, dass dadurch Verordnungen eher zu einer Vereinheitlichung führen als Richtlinien.

4.3.1 Corporate Sustainability Reporting Directive (CSRD)

Bereits vor der CSRD gab es für große kapitalmarktorientierte Unternehmen in Deutschland die Pflicht zur „nichtfinanziellen“ Berichterstattung nach dem CSR-Richtlinien-Umsetzungsgesetz (CSR-RUG) aus dem Jahr 2017. Das CSR-RUG setzte die Non-Financial Reporting Directive (NFRD) (2014/95/EU) um und ergänzte so die Bilanzrichtlinie (2013/34/EU) um Regelungen zur nichtfinanziellen Berichterstattung.[32] Sie betraf ungefähr 500 Unternehmen sowie Banken und Versicherungen. Der Gesetzgeber definierte den Zweck folgendermaßen: „Hintergrund der Richtlinie sei […] die zunehmende Bedeutung sogenannter nichtfinanzieller Informationen, welche einen immer wichtigeren Bereich der Unternehmenskommunikation bildeten. Investoren, Unternehmen sowie Verbraucherinnen und Verbraucher verlangten insoweit vor allem mehr und bessere Informationen über die Geschäftstätigkeit von Unternehmen, um zu entscheiden, ob sie investieren, Lieferbeziehungen eingehen oder Produkte erwerben und nutzen.

Dies sei auch auf die zunehmende Medienberichterstattung über Arbeits- und Lebensbedingungen in Drittstaaten zurückzuführen, die zu einer Sensibilisierung von Investoren, Verbraucherinnen und Verbrauchern sowie Unternehmen im Hinblick auf nichtfinanzielle Belange geführt habe. Gleichzeitig seien nichtfinanzielle Faktoren schon heute wichtige unternehmensinterne Entscheidungsfaktoren.“[33]

32 Umweltbundesamt, Umweltberichterstattung – CSR-Richtlinie. In: umweltbundesamt.de, 4.5.2024.

33 Bundestag, Drucksache 18/11450, S. 1–2.

Trotz dieses Ziels blieben die Richtlinie und ihre Umsetzung deutlich hinter den Erwartungen zurück. Die Berichterstattung wurde als zu begrenzt angesehen – sowohl aus der Perspektive der umfassten berichtspflichtigen Unternehmen als auch aufgrund der zu vage gehaltenen Anforderungen, die nicht das Ziel der gewünschten Transparenz erfüllt haben.

Deshalb wurde 2022 die CSRD verabschiedet, die im Januar 2023 in Kraft trat und innerhalb von 18 Monaten von den Mitgliedstaaten in nationales Recht umzusetzen ist. Schon rein begrifflich hat sie sich von der „nichtfinanziellen Berichterstattung“ zur eigenständigen „Nachhaltigkeitsberichterstattung“ weiterentwickelt. Zudem erweitert sie den Kreis der berichtspflichtigen Unternehmen deutlich (in der EU von ca. 11.600 auf 49.000 Unternehmen[34]), indem sie nunmehr auch „große Unternehmen sowie kleine und mittlere Unternehmen – mit Ausnahme von Kleinstunternehmen –, bei denen es sich um Unternehmen von öffentlichem Interesse“ handelt (Art. 19a CSRD), umfasst. So sind alle Kapitalgesellschaften und Personenhandelsgesellschaften mit ausschließlich haftungsbeschränkten Gesellschaftern berichtspflichtig, die folgende Kriterien erfüllen:

- im bilanzrechtlichen Sinne große Unternehmen,
- im bilanzrechtlichen Sinne kleine und mittlere Unternehmen (KMU), die kapitalmarktorientiert sind,
- Drittstaatenunternehmen mit 150 Mio. Euro Umsatz in der EU, deren Tochterunternehmen die vorstehenden Größenkriterien erfüllen oder deren Zweigniederlassungen mehr als 40 Mio. Euro Umsatz erreichen.[35]

Die Umsetzung der Anforderungen erfolgt sukzessive. Zunächst müssen Unternehmen, die bereits unter der CSR-RUG berichtspflichtig waren, mit dem Geschäftsjahr beginnend ab dem 1.1.2024 die Vorgaben der CSRD erfüllen (für die Berichte im Jahr 2025). Ab dem Geschäftsjahr 1.1.2025 sind es die nicht kapitalmarktorientierten großen Unternehmen, die nicht die Vorgaben der NFRD erfüllen mussten (für die Berichte ab 2026). Ab dem 1.1.2026 (Berichte ab 2027) die kapitalmarktorientierten kleinen und mittelständischen Unternehmen sowie kleine und nicht-komplexe Kreditinstitute und konzerneigene Versicherungsunternehmen. Kapitalmarktorientierte kleine und mittelständische Unternehmen haben jedoch auch eine Möglichkeit, dies bis 2028 zu verschieben (Opt-out). Alle anderen Unternehmen, die unter die Vorgaben der CSRD fallen, und Nicht-EU-Unternehmen mit Nie-

34 Bundesministerium für Arbeit und Soziales, CSR – Corporate Sustainability Reporting Directive (CSRD). In: csr-in-deutschland.de, 4.5.2024.

35 Bundesministerium für Arbeit und Soziales, CSR – Corporate Sustainability Reporting Directive (CSRD). In: csr-in-deutschland.de, 4.5.2024.

derlassungen oder Tochterunternehmen in der Europäischen Union müssen die Vorgaben ab dem 1.1.2028 für ihre Berichte ab 2029 erfüllen.[36]

Die tatsächlichen Berichtspflichten sind dann in den European Sustainability Reporting Standards (ESRS) definiert. Diese wurden von der European Financial Reporting Advisory Group (EFRAG) im Auftrag der Europäischen Kommission entwickelt. Die EFRAG wird sich auch um deren Weiterentwicklung kümmern. Die Struktur ist ähnlich den Standards der Global Reporting Initiative (GRI) (siehe auch → Unterkapitel 10.3.2). So sind die Berichtspflichten in verschiedenen Standards zusammengefasst. Zunächst gibt es die themenübergreifenden Standards, welche die allgemeinen Grundsätze (ESRS 1) und allgemein geforderte Angaben der Unternehmen (ESRS 2) beschreiben. Dies umfasst zum großen Teil die Durchführungsvorgaben und Berichterstattungspflichten zur Wesentlichkeitsanalyse, auf die wir auch noch in → Unterkapitel 8.1.4 eingehen. Dann gibt es themenspezifische Standards, die sich wiederum in die Bereiche Umwelt, Soziales und Unternehmensführung unterteilen. Schließlich soll es ab Mitte 2026 auch sektorspezifische Standards geben. Eine Übersicht zu den Standards finden Sie in der nachfolgenden Tabelle.

Tabelle 1: Übersicht über die ESRS

Übergreifende Standards		
ESRS 1 Allgemeine Grundsätze	**ESRS 2** Allgemeine Angaben	
Themenspezifische Standards		
Umwelt	**Soziales**	**Unternehmensführung**
ESRS E1 Klimawandel	**ESRS S1** Eigene Belegschaft	**ESRS G1** Geschäftsverhalten
ESRS E2 Umweltverschmutzung	**ESRS S2** Beschäftigte in der Wertschöpfungskette	
ESRS E3 Wasser- und Meeresressourcen	**ESRS S3** Betroffene Gemeinschaften	
ESRS E4 Biodiversität und Ökosysteme	**ESRS S4** Verbraucher und Endnutzer	
ESRS E5 Ressourcennutzung und Kreislaufwirtschaft		
Sektorspezifische Standards		
Ab Mitte 2026		

36 Bundesverband Nachhaltige Wirtschaft e. V., CSRD | BNW. In: bnw-bundesverband.de, 7.3.2024.

Unternehmen müssen nun nicht alle Berichtspflichten erfüllen, sondern nur die übergreifenden (ESRS 1 und ESRS 2) sowie die themenspezifischen Standards, welche als wesentlich für das Unternehmen in der Wesentlichkeitsanalyse identifiziert worden sind. Auch innerhalb der themenspezifischen Standards sind nur bedingt alle Punkte zu erfüllen, aber das schauen wir uns im Detail im Kapitel zur Nachhaltigkeitsberichterstattung (→ Unterkapitel 10.3.1) an.

Weitere wichtige Änderungen sind:

- Die Integration der Nachhaltigkeitsinformationen in den Lagebericht: Während Unternehmen heute ein Wahlrecht haben, die nichtfinanziellen bzw. Nachhaltigkeitsinformationen entweder in einem separaten Bericht zur Verfügung zu stellen oder in irgendeiner Form im Lagebericht, wird die Integration in den (Konzern-)Lagebericht verpflichtend. Die Optionen, wie diese Integration zu erfolgen hat, sind klar definiert.
- Die Bereitstellung der Informationen in einem maschinenlesbaren Format: Der (Konzern-)Lagebericht ist (künftig) nach Art. 29d BilR im XHTML-Format (Extensible Hypertext Markup Language) zu erstellen. Die EU-Verordnung ESEF-VO (ESEF = European Single Electronic Format) fordert dann die Auszeichnung definierter Angaben in diesem XHTML-Format. Dies für Angaben aus dem klassischen Lagebericht und auch für die Angaben aus den ESRS. In der Konsequenz sollen diese Informationen auslesbar sein, was eine bessere Vergleichbarkeit und Analyse der bereitgestellten Informationen zwischen Unternehmen ermöglicht.
- Die Einführung einer Prüfungspflicht: Bisher gab es keine Pflicht zur Prüfung eines freiwilligen Nachhaltigkeitsberichts und selbst die Angaben nach CSR-RUG/NFRD wurden eher oberflächlich geprüft. Das ändert sich gravierend. Mit der Integration in den (Konzern-)Lagebericht entsteht eine weitgehende Prüfpflicht. Sprich, die Nachhaltigkeitsinformationen sind wie alle anderen Angaben des Lageberichts auch durch einen Wirtschaftsprüfer zu prüfen. Diese Prüfung erfolgt zunächst mit begrenzter Sicherheit („Limited Assurance"), soll jedoch zur hinreichenden Sicherheit („Reasonable Assurance") ausgebaut werden.

Im → Kapitel 10 vertiefen wir das Thema der Nachhaltigkeitsberichterstattung und vergleichen die CSRD/ESRS mit anderen Rahmenwerken zum Thema (GRI und der Deutsche Nachhaltigkeitskodex, DNK).

4.3.2 EU-Taxonomie-Verordnung

Die EU-Taxonomie-Verordnung ist zunächst ein Klassifizierungssystem für wirtschaftliche Aktivitäten. Sie soll eine Vergleichbarkeit hinsichtlich der ökologischen Nachhaltigkeit zwischen Geschäftsaktivitäten schaffen und somit die Lenkung der Finanzströme in „nachhaltige“ Wirtschaftsaktivitäten fördern.

Zunächst muss ein Unternehmen anhand der delegierten Rechtsakte identifizieren, ob es taxonomiefähige Wirtschaftsaktivitäten hat. Falls dies der Fall ist, muss es nach definierten technischen Bewertungskriterien evaluieren, ob diese einen substanziellen Beitrag zu einem der sechs Umweltziele der EU leisten. Diese sechs Umweltziele sind:

1. Klimaschutz,
2. Anpassung an den Klimawandel,
3. Schutz von Wasser und Meeresressourcen,
4. Übergang in eine Kreislaufwirtschaft,
5. Eingrenzung der Umweltverschmutzung und Beitrag zum Umweltschutz,
6. Schutz von Artenvielfalt und Ökosystem.

Weiterhin muss das Unternehmen überprüfen, ob es gleichzeitig für eine erhebliche Beeinträchtigung eines der anderen fünf Umweltziele verantwortlich ist „(DNSH-Prinzip (Do No Significant Harm))“ und die Anforderungen zum sozialen Mindestschutz erfüllt („Minimum Social Safeguards“). Sollten alle Kriterien erfüllt sein, ist die Wirtschaftsaktivität taxonomiekonform.

Das Ergebnis dieser Analyse wird dann im Rahmen der Nachhaltigkeitsberichterstattung unter der CSRD (ESRS E1) berichtet. Dazu gehören bspw. konkrete Angaben zu dem/den taxonomiefähigen und taxonomiekonformen Umsatz, Investitionen und Betriebsausgaben. Der EU-Taxonomy Navigator der Europäischen Kommission ist ein gutes Tool, um sich näher zu informieren.[37]

37 European Commission – European Commission, EU Taxonomy Navigator. In: ec.europa.eu, 20.4.2024.

Umsatz (202x)			Beispiel: Ein Unternehmen erwirtschaftet 500 Millionen Euro Umsatz.
Nicht EU-taxonomiefähiger Umsatz	EU-taxonomiefähiger Umsatz		Davon wurden 300 Millionen Euro mit Wirtschaftstätigkeiten erwirtschaftet, die von der EU-Taxonomie erfasst sind (= EU-taxonomiefähiger Umsatz).
Nicht EU-taxonomiefähiger Umsatz	Nicht EU-taxonomiekonformer Umsatz	EU-taxonomiekonformer Umsatz	Davon erfüllen Wirtschaftstätigkeiten mit 100 Millionen Umsatz die Kriterien zum substanziellen Beitrag zu ihrem Umweltziel, führen nicht zu einer erheblichen Beeinträchtigung eines anderen Zieles und erfüllen die Kriterien der Minimum Social Safeguards (= EU-taxonomiekonformer Umsatz).

Abbildung 7: Beispiel für die Anwendung der EU-Taxonomie

In Hinblick auf die Minimum Social Safeguards sind Parallelen zum LkSG zu ziehen. Jedoch ist der Geltungsbereich nicht deckungsgleich, da sich die EU-Taxonomie jeweils nur auf die taxonomiefähigen Wirtschaftstätigkeiten konzentriert.

4.3.3 EU-Entwaldungsverordnung (EU-DR)

Die EU-Entwaldungsverordnung, kurz EU-DR für EU-Deforestation Regulation, trat am 30.6.2023 in Kraft und verlangt von Unternehmen ab dem 30.12.2024 verstärkte Sorgfaltspflichten, wenn sie Güter und Rohstoffe in den Unionsmarkt einführen bzw. bereitstellen oder aus dieser exportieren, welche Entwaldung und Waldschädigung verursachen. Zu diesen Rohstoffen gehören Kaffee, Kakao, Rinder, Palmöl, Soja, Kautschuk und Holz sowie die daraus hergestellten Erzeugnisse. Diese umfassen mehr als 800 Produktgruppen, definiert über Zolltarifnummern, aufgeführt im Anhang 1 der Verordnung, z. B. Schokolade, Fleischprodukte, Holzprodukte, Papier, Bücher. Die Sorgfaltspflichten umfassen Risikoanalysen der Produkte nach diversen Kriterien wie den Herkunftsländern, Sammlung von Informationen über die Produkte, Durchführung von unabhängigen Überprüfungen etc. Nichteinhaltung dieser Verordnung kann zu Bußgeldern in Höhe von bis zu 4 % des EU-weiten Umsatzes führen und soll im Verhältnis zur Umweltschädigung und zum Wert der relevanten Rohstoffe oder relevanten Erzeugnisse stehen. Des Weiteren ist auch der Ausschluss von öffentlichen Ausschreibungen möglich.

4.3.4 Emissionshandel – Emission Trading System (ETS)[38]

Den Emissionshandel gibt es in Europa bereits seit 2005. Er zielt darauf ab, die THG-Emissionen in der Europäischen Union zu reduzieren. Anfänglich waren nur die Energiewirtschaft und Unternehmen der energieintensiven Industrie betroffen, jedoch wurden mittlerweile auch andere Branchen wie der innereuropäische Luftverkehr (seit 2012) oder die Seefahrt (seit 2024) einbezogen. Seit 2013 gehören neben Kohlendioxid weitere Emissionen dazu (z. B. Lachgas, perfluorierte Kohlenwasserstoffe).

Der Handel verläuft nach dem Prinzip des „Cap & Trade“. Sprich, es wird eine Obergrenze („cap“) für Emissionen in den eingebundenen Sektoren bestimmt. Jeder Mitgliedstaat gibt dann Emissionsberechtigungen zum Ausstoß einer Tonne Kohlendioxid-Äquivalent (CO_2e) aus. Diese Berechtigungen können kostenlos sein oder versteigert werden. Der Handel („trade“)

38 Umweltbundesamt, Der Europäische Emissionshandel. In: umweltbundesamt.de, 9.3.2024.

dieser Emissionsberechtigungen erfolgt dann auf dem freien Markt, der den Preis bestimmt. Ziel ist es, durch diese zusätzlichen Kosten und die sukzessive Einschränkung verfügbarer Emissionsberechtigungen die Unternehmen zur Reduzierung ihrer THG-Emissionen zu motivieren und somit das Ziel von „Fit for 55" zu erreichen.

4.3.5 Carbon Border Adjustment Mechanism (CBAM)

Beim CO_2-Grenzausgleichssystem, dem Carbon Border Adjustment Mechanism (CBAM), handelt es sich um einen Grenzausgleichsmechanismus für CO_2-Emissionen bestimmter Produkte, die Unternehmen von außerhalb der Europäischen Union und ausgewählter anderer Staaten in die Europäische Union einführen. Ziel ist es, eine Benachteiligung europäischer Unternehmen, die einer CO_2-Bepreisung (z. B. durch die Beteiligung am Emissionshandel ETS) unterliegen, gegenüber nicht-europäischen Unternehmen, die dieser nicht unterliegen, zu vermeiden. Dies umfasst zum Start dieses Mechanismus Produkte aus Zement, Eisen, Aluminium, Stahl, Wasserstoff, Düngemittel und einige Vorprodukte (wie bei der EU-DR definiert über Zolltarifnummern). CBAM erfordert seit Anfang Oktober 2023 eine regelmäßige Berichterstattung der Emissionen für diese importierten Produkte an die Europäische Kommission über eine elektronische Datenbank. Die Emissionen umfassen CO_2-Emissionen, aber je nach Produktgruppe auch Distickstoffmonoxid (N_2O)-Emissionen und perfluorierte Kohlenwasserstoffe. Bis 2026 besteht lediglich diese Berichtspflicht, ab 2026 dann auch die Pflicht einer Ausgleichszahlung für die entstandenen Emissionen, ähnlich dem bestehenden Emissionshandel. Bei Nichteinhaltung der Vorgaben ist mit möglichen Bußgeldern von 10 bis 50 Euro pro nicht berichteter Tonne CO_2 zu rechnen. Es ist geplant, den Umfang der betroffenen energieintensiven Produkte bis 2030 zu erweitern. Dazu gehören Mineralöle, Glas, Papier, bestimmte Chemikalien etc.

4.3.6 EU-Zwangsarbeitsprodukteverordnung

Im Frühjahr 2024 haben sich die EU-Staaten auf eine Verordnung zum Verbot von in Zwangsarbeit hergestellten Produkten auf dem EU-Binnenmarkt geeinigt.[39] Weltweit sind fast 30 Millionen Menschen von Zwangsarbeit betroffen.[40] Diese Verordnung soll Untersuchungen von vermutlich unter Zwangsarbeit hergestellten Waren ermöglichen. Die Behörden der Mit-

39 Europäisches Parlament, Verbot von in Zwangsarbeit hergestellten Produkten auf dem EU-Binnenmarkt. In: europarl.europa.eu, 4.5.2024.

40 Europäischer Rat, In Zwangsarbeit hergestellte Produkte. In: consilium.europa.eu, 4.5.2024.

gliedstaaten sind für innereuropäische und die Europäische Kommission für außereuropäische Untersuchungen zuständig. Informationen von internationalen Organisationen, Behörden und Hinweisgebern können diese Untersuchungen auslösen, welche auch immer mehrere Risikofaktoren (z.B. Ausmaß und Schwere der vermuteten Zwangsarbeit, Menge der Produkte etc.) berücksichtigen. Unter Zwangsarbeit hergestellte Waren dürfen nicht auf dem EU-Binnenmarkt verkauft werden. Sie sind zu spenden, zu recyceln oder zu vernichten und Unternehmen können Geldstrafen erhalten. Die Europäische Kommission wird weiterhin eine Datenbank mit Informationen zu Zwangsarbeitsrisiken einrichten. Diese Verordnung ist drei Jahre nach Inkrafttreten, voraussichtlich ab 2027, von den EU-Mitgliedstaaten anzuwenden.

4.3.7 EU-Green Claims Directive

Laut einer Studie der Europäischen Kommission aus dem Jahr 2020 sind mehr als 50% der „grünen" Behauptungen („Green Claims") vage, irreführend oder beruhen auf unzureichenden Informationen. Für 40% dieser Behauptungen gibt es keine Beweise und die Hälfte der „grünen" Zertifikate verfügt über unzureichende oder fehlende Überprüfungen.[41]

Dem möchte die EU entgegenwirken und hat die Green Claims Directive entworfen. Sie wurde im März 2024 vom Europäischen Parlament befürwortet, muss jedoch noch ein paar andere Stufen nehmen. Es wird jedoch erwartet, dass sie in 2024 verabschiedet wird und nach einer ca. zweijährigen Übergangsfrist in nationales Recht übergeht. Da es dann aber noch eine zwölfmonatige Übergangsfrist für die nationalen Vorschriften gibt, haben Unternehmen noch bis voraussichtlich Ende 2026/Anfang 2027 Zeit, um sich vorzubereiten. Zu den Verpflichtungen der Richtlinie gehört es, dass Endkunden verlässliche, vergleichbare und überprüfbare Informationen zu den Produkten erhalten. Dies soll durch eine geforderte unabhängige Überprüfung der „Green Claims" erfolgen. Zudem sollen neue Regeln zu Umweltlabels sicherstellen, dass diese transparent und zuverlässig sind. Die Richtlinie betrifft alle Unternehmen außer den kleinsten, und ihre Nichteinhaltung kann zu Bußgeldern in Höhe von bis zu 4% des EU-weiten Umsatzes führen.

Die Studie „The State of Green Claims 2024" vom House of Change aus dem Januar 2024 zeigt, dass lediglich drei von 163 Green Claims von Marken im deutschen Handel aktuell den Anforderungen der Green Claims Di-

41 Europäische Kommission, Green claims. In: environment.ec.europa.eu, 9.3.2024.

rective erfüllen würden.[42] Insofern sind die neuen Anforderungen durchaus ernst zu nehmen.

4.3.8 EU-Corporate Sustainability Due Diligence Directive (EU-CSDDD)

Nach einigem Hin und Her scheinen sich die Parteien auf EU-Ebene für eine Lösung zur EU-CSDDD, einer Art europäischem Lieferkettensorgfaltspflichtengesetz, geeinigt zu haben. Ein wesentlicher Kompromiss ist der stark reduzierte Anwendungskreis, und somit betrifft die Richtlinie „nur" 5.000 Unternehmen statt der ursprünglich geplanten 16.000 Unternehmen. So sollen die Sorgfaltspflichten künftig von Unternehmen mit mehr als 1.000 Mitarbeitern und mehr als 450 Mio. Euro Umsatz in den Anwendungsrahmen fallen. Die Einführung für Kapitalgesellschaften erfolgt gestaffelt:

- mehr als 5.000 Mitarbeiter und 1,5 Mrd. Euro Umsatz nach drei Jahren,
- mehr als 3.000 Mitarbeiter und 900 Mio. Euro Umsatz nach vier Jahren,
- mehr als 1.000 Mitarbeiter und 450 Mio. Euro Umsatz nach fünf Jahren.

Der sachliche Anwendungsbereich ist die gesamte „Aktivitätenkette", was mittelbare und unmittelbare Zulieferer ebenso umfasst wie die nachgelagerte Lieferkette (Recycling, Vertrieb). Insofern geht dieser über den Anwendungsbereich des LkSG hinaus. Ebenfalls im Unterschied zum LkSG enthält die EU-CSDDD einen zivilrechtlichen Haftungstatbestand. So ist es möglich, innerhalb von fünf Jahren zivilrechtliche Schadensersatzansprüche geltend zu machen. Die geforderte Risikoanalyse ist leider auch eine andere als die vom LkSG geforderte, weil u.a. mehr Schutzgüter aus dem Umweltbereich zu betrachten sind (z.B. messbare Umweltbeeinträchtigungen, Wasser- und Luftverschmutzung, schädliche Emissionen, übermäßiger Wasserverbrauch) und auch die Erstellung eines Klimaschutzplans („Transition Plan") kommt hinzu. Zumindest sind die Präventions- und Abhilfemaßnahmen und Beschwerdeverfahren ähnlich dem LkSG.

4.4 Weitere spezielle Verpflichtungen

Neben diesen grundsätzlichen Verpflichtungen zu Nachhaltigkeitsthemen gibt es etliche spezielle Verpflichtungen, auf die wir hier im Detail nicht eingehen. Da der Themenkreis aus Environment (Umwelt), Social (Sozialem) und G (guter Unternehmensführung) so viele Themen umfassen kann –

42 The House of Change, The State of Green Claims 2024 Report – Deutschland. In: houseofchange.net, 20.4.2024.

abhängig vom Unternehmen und seiner Wesentlichkeitsanalyse –, ist eine Berücksichtigung der jeweiligen rechtlichen Normen in diesen Bereichen ebenso notwendig. Um ein paar Beispiele zu nennen:

Tabelle 2: Spezielle Verpflichtungen

Environment	Social	Governance
Gesetze zu Verschmutzungen	Arbeitssicherheit	Datenschutz
Gesetze zur Einhaltung von umweltbezogenen Grenzwerten	Arbeitsrechtliche Vorschriften, inklusive Vorgaben zur Gleichstellung und Gleichbehandlung	Antikorruptionsgesetzgebung
Gefahrstoffverordnung	Vorschriften zur Einhaltung von Menschenrechten	Wettbewerbsrechtliche Vorschriften
…	Verbrauchersicherheit	Lobbying
	…	…

4.5 Anwendung auf die Spielz-Werke GmbH & Co. KG (Spielz-Werke)

Schauen wir uns nun einmal an, was diese Regelungen für unser Beispielunternehmen, die Spielz-Werke, bedeuten könnten.

Zunächst einmal haftet die Geschäftsleitung der Spielz-Werke für die Einhaltung der gesetzlichen Regelungen und muss ihrer Sorgfaltspflicht nachkommen, dies im Unternehmen sicherzustellen und zu überwachen. Hinsichtlich der speziellen Gesetze sind nicht alle zutreffend. Zunächst einmal muss sie die Anforderungen der MaRisk nicht erfüllen, da es sich nicht um ein Finanzdienstleistungsinstitut handelt. Weiterhin ist es keine Aktiengesellschaft, womit sie nicht unter die Anforderungen des Deutschen Corporate Governance Kodex fällt. Jedoch haben die Anforderungen aus dem Aktiengesetz zur Einrichtung eines Früherkennungssystems für bestandsgefährdende Risiken eine Ausstrahlwirkung und daher ist dieses auch für die Spielz-Werke notwendig.

Da die Spielz-Werke weniger als 1.000 Mitarbeitende in Deutschland beschäftigen, müssen sie nicht die Vorgaben des deutschen LkSG einhalten, ebenso wird mit weniger als 1.000 Mitarbeitenden in Europa keine direkte Verpflichtung zur EU-CSDDD bestehen. Es ist jedoch möglich, dass einige

Kunden mit Anfragen diesbezüglich auf die Spielz-Werke zukommen, da das Unternehmen dortiger Teil der Lieferkette ist und daher eine Aufforderung erhalten könnte, gewisse Maßnahmen zu ergreifen.

Mit dieser Mitarbeiterzahl, den 150 Mio. Euro Umsatz und der Bilanzsumme von 100 Mio. Euro gilt sie als großes, nicht-kapitalmarktorientiertes Unternehmen[43] und ist unter der Corporate Sustainability Reporting Directive bzw. den European Sustainability Reporting Standards ab dem Finanzjahr beginnend am 1.1.2025 berichtspflichtig. Diese Berichtspflicht bedingt dann ggf. auch die Umsetzung der Vorgaben aus der EU-Taxonomie-VO. Unter der Annahme, dass die Spielz-Werke elektronische Artikel unter dem NACE-Code C.26.4 (Manufacture of consumer electronics) herstellt, wären die hiermit in Verbindung stehenden Umsätze, Investitionen und Betriebsausgaben taxonomiefähig. Ein Blick in den „EU Taxonomy Navigator“ zeigt, dass diese Aktivität einen Beitrag zum Umweltziel „Übergang in eine Kreislaufwirtschaft“ aufweist. Dies ist laut Liste der Bedingungen der Fall, wenn ein EU Ecolabel vorliegt. Ist dies nicht der Fall, gibt es eine lange Liste mit Bedingungen, die erfüllt sein müssen, um dies als taxonomiekonform berichten zu können (z.B. lebenslanges Design, Reparatur- und Recyclingfähigkeit, Verbot der Verwendung bestimmter Materialien etc.). Sollten die Bedingungen erfüllt sein, gilt es, die DNSH-Kriterien zu überprüfen. Sprich: Schadet die Aktivität einem anderen EU-Umweltziel? Diese Kriterien sind ebenfalls im Navigator aufgeführt. Beispielsweise würde das Ziel Biodiversität die Durchführung eines Environmental Impact Assessment fordern und die Umsetzung eventuell notwendiger abzuleitender Maßnahmen. Abschließend muss dann noch die Bewertung nach den Minimum Social Safeguards erfolgen.

Die Spielz-Werke führen keine Rohstoffe oder Produkte aus Nicht-EU-Ländern in die EU ein, die aktuell im Carbon Border Adjustment Mechanism aufgeführt sind, jedoch führen sie Rohstoffe und Waren in den Unionsmarkt ein, die unter die Vorgaben der EU-Entwaldungsverordnung fallen. Durch den Vertrieb ihrer Produkte an Endkunden sind auch die Vorgaben aus der EU-Greenwashing-Directive relevant. Durch die EU-Zwangsarbeitsprodukteverordnung ist auch nochmal ein Fokus auf Zwangsarbeit in der Lieferkette zu legen, wobei die Spielz-Werke hier erst einmal kein Risiko sehen.

Das sind viele (neue) Vorgaben, die das Unternehmen (künftig) erfüllen muss.

43 Es erfüllt mindestens zwei der folgenden drei Kriterien seit mindestens zwei Jahren: mehr als 500 Mitarbeiter, mehr als 40 Mio. Euro Umsatz, mehr als 20 Mio. Euro Bilanzsumme.

4.6 Fazit

Viele Jahre war Nachhaltigkeit bzw. CSR bzw. ESG eher über freiwillige Selbstverpflichtungen der Unternehmen als über regulatorischen Anforderungen relevant. Mit den Änderungen der letzten Jahre ist dies im Wandel und die Verantwortung für Nachhaltigkeit mittlerweile auch gesellschaftsrechtlich über die Aktualisierung und Präzisierungen im Deutschen Corporate Governance Kodex 2022 verankert. Dieser nimmt Nachhaltigkeit als integralen Bestandteil der Unternehmensführung auf. Da der Deutsche Corporate Governance Kodex auch von Unternehmen als Grundlage für die Ausgestaltung der Corporate-Governance-Struktur genutzt wird, die nicht kapitalmarktorientiert sind, kann diese Anpassung als Verankerung von Nachhaltigkeit in Unternehmensstrategien und -prozessen gewertet werden. Ebenso zeigt die explizite Erwähnung von Nachhaltigkeitsrisiken in der MaRisk die steigende Relevanz des Themas. Kein Unternehmen kann sich dem mehr entziehen, was auch Ziel des European Green Deal ist und der daraus folgenden EU-Regularien. Unternehmen haben keine Möglichkeit mehr, sich Vorschriften wie der Entwaldungsverordnung oder dem CBAM zu entziehen bzw. ab einer gewissen Größe eine sehr detaillierte Nachhaltigkeitsberichterstattung erstellen zu müssen.

Es ist daher essenziell, sich mit den aktuellen und künftigen rechtlichen Vorgaben auseinanderzusetzen und möglichst ein Monitoring einzurichten, um über künftige Entwicklungen informiert zu bleiben. Manche Unternehmen implementieren dafür regelmäßig aktualisierte digitale Rechtskataster und Datenbanken, andere Unternehmen lösen dies durch das Abonnieren von Newslettern und regelmäßige Teilnahme an entsprechenden Weiterbildungen.

Im nächsten Kapitel beschäftigen wir uns nun mit einem Reifegradmodell zu Nachhaltigkeitsbemühungen in Unternehmen. Dies soll zum einen helfen, herauszufinden, wo ein Unternehmen aktuell steht, und die Entscheidung unterstützen, in welche Richtung es sich entwickeln sollte.

5. Reifegradmodell

In → Kapitel 8 beschäftigen wir uns sogleich mit einem möglichen Aufbau und der Umsetzung einer Nachhaltigkeitsstrategie und dem dazugehörigen Nachhaltigkeitsmanagementsystem. Es wird nicht überraschen, dass dies in der Form (noch) nicht in allen Unternehmen vorhanden ist. Unternehmen befinden sich zum größten Teil eher irgendwo zwischen (noch) nichts tun oder erste Berichte veröffentlichen und voller Integration ins Geschäftsmodell bzw. der Unternehmensstrategie. Dies soll auch das nachfolgende Reifegradmodell veranschaulichen.

Tabelle 3: Reifegradmodell

Reifegrad	Beschreibung	Nachhaltigkeitsberichterstattung	Relevanz für das Unternehmen?
1. Irrelevant	Das Unternehmen berücksichtigt keine Nachhaltigkeitsaspekte	Nicht vorhanden	Kein Interesse
2. Erste Ansätze – CSR	Beginn des CSR-Ansatzes mit vereinzelten, unstrukturierten Initiativen. Erfüllung rechtlicher Vorgaben ohne viel Abstimmung oder Einbettung in die Unternehmensstrategie.	Nicht vorhanden	Gering
3. Marketing – CSR	Strukturierter Ansatz für Nachhaltigkeitsmanagement im Sinne „CSR".	Nachhaltigkeitsbericht eher als schöne Broschüre mit wenigen belastbaren Kennzahlen.	Gering
4. ESG erste Schritte	Unstrukturierte und ad-hoc Bearbeitung von ESG-Anforderungen der Stakeholder. Keine Entwicklung eines proaktiven Nachhaltigkeits-managements; z. B. mit Wesentlichkeitsanalyse und abgeleiteten Maßnahmen, welche die Tätigkeit des Unternehmens beeinflussen.	Nachhaltigkeitsbericht enthält mehr Zahlen und ist ggf. bereits an einem Rahmenwerk ausgerichtet.	Relevant
5. ESG-Pflichterfüllung	Erfüllung von ESG-Anforderungen (gesetzlich wie durch Stakeholder; z. B. Datenanfragen). Durchführung einer strukturierten Wesentlichkeitsanalyse mit abgeleiteten Maßnahmen. Diese finden jedoch keinen bzw. punktuellen Eingang in die Unternehmensstrategie und das Geschäftsmodell.	Nachhaltigkeitsbericht erfüllt rechtliche Anforderungen.	Wichtig
6. Unabhängige Nachhaltigkeitsstrategie	Das Unternehmen entwickelt darüber hinaus eine unternehmensweite und zusammenhängende Nachhaltigkeitsstrategie mit eigenem Budget, aber unabhängig von der Unternehmensstrategie; d. h. nur teilweiser Einfluss auf Produkte und Dienstleistungen.	Nachhaltigkeitsbericht erfüllt rechtliche Anforderungen und geht etwas darüber hinaus.	Wichtig
7. Nachhaltiges Unternehmen	Ganzheitliche Ausrichtung des Unternehmens an Nachhaltigkeitsaspekten als Integration dieser in die „DNA" des Unternehmens. Integraler Bestandteil der Unternehmensstrategie und des Geschäftsmodells. Bestimmt maßgeblich die Gestaltung der Produkte und Dienstleistungen.	Nachhaltigkeitsbericht erfüllt alle rechtlichen Anforderungen und weitere Kommunikation darüber hinaus.	Essenziell, da es den Unternehmenszweck definiert

Im **Reifegrad 1 „Irrelevant“** befinden sich Unternehmen, die bisher noch gar nichts in Richtung Nachhaltigkeit, ESG bzw. CSR unternommen haben. Hier ist bisher schlicht kein Interesse für diese Themen vorhanden. Die gesetzlichen Anforderungen zwingen diese Unternehmen, gewisse Aktivitäten zu unternehmen. Dies wird jedoch eher stiefmütterlich und ad hoc behandelt.

Im **Reifegrad 2 „Erste Ansätze – CSR“** befinden sich Unternehmen, die erste Ansätze in Richtung CSR zeigen. Es gibt vereinzelte, unstrukturierte Initiativen. Die Umsetzung rechtlicher Vorgaben erfolgt ohne große Abstimmungen. Keine dieser Aktivitäten erfolgt unter Einbettung in die Unternehmensstrategie.

Im **Reifegrad 3 „Marketing – CSR“** gibt es einen strukturierten Ansatz aus CSR-Perspektive, also eher freiwillige Initiativen, die wenig mit einem konsequenten Stakeholder-Ansatz oder einer Veränderung der Produkte und Dienstleistungen des Unternehmens zu tun haben. Es gibt vielleicht auch schon einen Nachhaltigkeitsbericht oder eine Internet-/Intranet-Seite zu den „guten“ Dingen, die das Unternehmen tut. Es gibt insgesamt wenig Kennzahlen und entsprechend keine Steuerung danach. Insgesamt ist das Thema wenig relevant für das Unternehmen als Ganzes.

Im **Reifegrad 4 „ESG erste Schritte“** steigt die Relevanz der Thematik, aber die Bearbeitung der Anforderungen von Stakeholdern an ESG erfolgt noch eher ad hoc und unstrukturiert. Es gibt noch keine proaktives Nachhaltigkeitsmanagement, z.B. mit Wesentlichkeitsanalyse und abgeleiteten Maßnahmen, welche die Tätigkeit, Produkte oder Dienstleistungen des Unternehmens beeinflussen. Der Nachhaltigkeitsbericht enthält aber mehr Kennzahlen und ist vielleicht bereits an einem Rahmenwerk ausgerichtet.

Im **Reifegrad 5 „ESG-Pflichterfüllung“** wird die Thematik wichtig, aber eher aufgrund der gesetzlichen Anforderungen. Es gibt bereits eine strukturierte Wesentlichkeitsanalyse mit abgeleiteten Maßnahmen und die Umsetzung der ESG-Anforderungen (gesetzlich wie durch Stakeholder, z.B. Datenanfragen) erfolgt strukturiert. Auch der Nachhaltigkeitsbericht erfüllt alle rechtlichen Anforderungen. Dennoch finden die Initiativen und Maßnahmen noch keinen bzw. eher einen punktuellen Eingang in die Gestaltung der Unternehmensstrategie und des Geschäftsmodells. So könnte es ein Nachhaltigkeitsbudget geben, das Zusatzkosten für „Nachhaltigkeitsmaßnahmen“ abdeckt, z.B. wenn bestimmte Produkte im Einkauf teurer sind, weil sie emissionsärmer o.ä. sind. Dies führt entsprechend nicht zu einer Umgestaltung des Einkaufsprozesses, der ESG-Kriterien gleichberechtigt neben Qualitäts- und Kostenkriterien setzt.

Im **Reifegrad 6 „Unabhängige Nachhaltigkeitsstrategie“** ist Nachhaltigkeit bereits über die Einhaltung gesetzlicher Vorschriften hinaus wichtig.

Das Unternehmen entwickelt eine unternehmensweite und zusammenhängende Nachhaltigkeitsstrategie mit Kennzahlen und Leistungsindikatoren. Die Nachhaltigkeitsberichterstattung erfüllt die rechtlichen Anforderungen und geht etwas darüber hinaus. Das Unternehmen stellt zusätzliche Berichte und Informationen auch unterjährig zur Verfügung. Die Nachhaltigkeit verfügt über ein eigenes Budget, jedoch richtet das Unternehmen erst einmal nur einzelne Produkte, Dienstleistungen oder Prozesse nachhaltig aus und der Einfluss auf die Unternehmensstrategie und den Geschäftszweck ist gering.

Im **Reifegrad 7 „Nachhaltiges Unternehmen"** sind das Geschäftsmodell und die Unternehmensstrategie an Nachhaltigkeitsaspekten ausgerichtet bzw. in der Transformation begriffen. Diese sind in die „DNA" des Unternehmens integriert und fließen in die Gestaltung der Produkte, Dienstleistungen und Prozesse ein. Nachhaltigkeit ist daher essenziell, weil dies den Unternehmenszweck definiert. Die Wesentlichkeitsanalyse ist quasi Teil der Unternehmensstrategieentwicklung. Der Nachhaltigkeitsbericht erfüllt alle rechtlichen Anforderungen und die weitere Kommunikation darüber hinaus. Als Beispiel sei hier die Firma Ørsted genannt. Von einem Anbieter hauptsächlich fossiler Energie haben sie sich das ambitionierte Ziel gesetzt, 98 % ihrer Emissionen aus der Energieerzeugung bis 2025 gegenüber 1990 zu reduzieren.[44] Ein solches Ziel ist nicht zu erreichen, wenn nicht die gesamte Unternehmensstrategie darauf ausgerichtet wird. Es erfordert, die Geschäftsgrundlage komplett auf den Kopf zu stellen – bestehende Anlagen zu schließen, in neue zu investieren und dabei die Mitarbeiter etc. mitzunehmen.

Die Einhaltung der (neuen und kommenden) gesetzlichen Anforderungen, wie im vorherigen Kapitel beschrieben, zwingt vor allem große Unternehmen, aber auch viele mittlere Unternehmen, mindestens auf die Stufe 5 der „ESG-Pflichterfüllung". Das wird aber bereits mittelfristig nicht ausreichen, weil die steigenden gesetzlichen Anforderungen, die erhöhten Transparenzanforderungen und die Vergleichbarkeit Unternehmen immer mehr dazu zwingen, ihre Geschäftsmodelle und Prozesse umfassend neu zu denken.

Wenn sich Ihr Unternehmen aktuell auf einer etwas „niedrigeren" Stufe befindet, ist es Zeit, etwas zu tun und eine spannende Herausforderung liegt vor Ihnen, weil Sie wirklich etwas verändern können.

Dieses Reifegradmodell kann auch gut die Auswirkungen auf den Bedarf, die organisatorische Ausgestaltung und die benötigten Kompetenzen von Nachhaltigkeitsbeauftragten bzw. -funktionen in Abhängigkeit vom Reifegrad darstellen und wird daher auch nochmal in den → Kapiteln 6 und 7 aufgegriffen. Schauen wir uns nun aber erst einmal an, ob es nun eines Nachhaltigkeitsbeauftragten wirklich bedarf, und wenn ja, wie Unternehmen dies organisatorisch ausgestalten können.

---

44 Orsted, Nachhaltigkeit. In: orsted.de, 21.4.2024.

6. Organisatorische Ausgestaltung

Zunächst ist zu klären, ob Unternehmen überhaupt einen Nachhaltigkeitsbeauftragten benötigen und, wenn ja, wofür denn diese Person oder Funktion verantwortlich ist bzw. wo genau sie sich in der Organisationsstruktur befinden sollte. Dies natürlich unter Berücksichtigung einer dokumentierten Delegation, um die Haftungsproblematik abzudecken (siehe auch → Unterkapitel 4.1.1). In Anbetracht der Vielzahl der ESG-Anforderungen und Ausgestaltungsmöglichkeiten gibt es hierfür keine allgemeingültige Antwort. Dieses Kapitel beschäftigt sich zunächst einmal mit der Frage, ob eine solche Funktion benötigt wird, wie sie genannt werden könnte, wo sie sich innerhalb der Aufbauorganisation befinden sollte und welche Aufgaben sie hat. Abschließend schauen wir uns die mögliche Anwendung auf die Spielz-Werke an.

6.1 Braucht es einen Nachhaltigkeitsbeauftragten?

6.1.1 Pflicht zur Bestellung

Wie wir bereits im → Kapitel 4 zu den rechtlichen Grundlagen gesehen haben, gibt es keine rechtliche Pflicht, einen Nachhaltigkeitsbeauftragten zu benennen, jedoch ist die Unternehmensleitung dazu verpflichtet, die Einhaltung von Gesetzen im Unternehmen sicherzustellen, auch um eine eigene Haftung zu vermeiden. Wenn die Unternehmensleitung in Ausübung ihrer Sorgfaltspflichten bei der Überprüfung der Organisation feststellt, dass diese der Aufgabe hinsichtlich Nachhaltigkeit nicht nachkommen kann, gibt es eine Option, eine entsprechende Funktion oder Abteilung einzurichten oder die Aufgaben entsprechend anders zu verteilen – und die Liste der Aufgaben ist lang, um die Haftungsvermeidung sicherzustellen. Schließlich erfordert es die ganze Palette eines Managementsystems von der Einrichtung einer angemessenen Governance-Struktur, Einbindung ins Risikomanagement, Erstellung entsprechender Richtlinien und anderer Dokumente, Schulung und Kommunikation, Überwachung über Berichterstattungen und Prüfungen bis zur kontinuierlichen Beachtung aller (neuen und sich ändernden) Regulierungen.

Zwar gibt es aktuell keine Pflicht, einen Nachhaltigkeitsbeauftragten zu bestellen, es gibt für manche Unternehmen jedoch die Pflicht, Beauftragte für bestimmte Themen zu bestellen, die unter der Thematik „Nachhaltigkeit" subsumiert werden könnten. Genannt seien hier beispielhaft folgende:

- Die Fachkraft für Arbeitssicherheit ist für bestimmte Unternehmen in Abhängigkeit von beispielsweise der Betriebsart, der Zahl der beschäftigten

Arbeitnehmer, der Betriebsorganisation verpflichtend zu bestellen (§ 5 ASiG).
- Ein Datenschutzbeauftragter ist für bestimmte Unternehmen zu bestellen, „soweit sie in der Regel mindestens 20 Personen ständig mit der automatisierten Verarbeitung personenbezogener Daten beschäftigen." (§ 38 Abs. 1 Satz 1 BDSG).
- Auch gibt es Gleichstellungsbeauftragte, die nur für Dienststellen und Behörden bestimmter Größen verpflichtend sind (§ 19 BGleiG).
- Im Entwurf des Umweltgesetzes aus dem Jahr 2008 war die Bestellung eines Umweltbeauftragten vorgesehen.[45] Die Verabschiedung dieses Gesetzes ist jedoch 2009 gescheitert.
- Andere Gesetze erwähnen mögliche konkrete Beauftragte, wie den Menschenrechtsbeauftragten im Rahmen des Lieferkettensorgfaltspflichtengesetz (LkSG). Nach § 4 Abs. 3 LkSG hat „das Unternehmen [...] dafür zu sorgen, dass festgelegt ist, wer innerhalb des Unternehmens dafür zuständig ist, das Risikomanagement zu überwachen, etwa durch die Benennung eines Menschenrechtsbeauftragten. Die Geschäftsleitung hat sich regelmäßig, mindestens einmal jährlich, über die Arbeit der zuständigen Person oder Personen zu informieren."

Letzteres zeigt auch deutlich, dass in punkto Haftung bei der Bestellung eines Menschenrechtsbeauftragten kein Übergang dieser Haftung von der Unternehmensleitung auf den Beauftragten stattfindet. Dies ist bei den anderen Beauftragten ähnlich.

- Die Compliance-Funktion bei Wertpapierdienstleistungsunternehmen: Hier muss die Geschäftsleitung „eine angemessene, dauerhafte und wirksame Compliance-Funktion einrichten und ausstatten, die ihre Aufgaben unabhängig wahrnehmen kann". Sie ist ein „Instrument der Geschäftsleitung [...und] kann auch einem Mitglied der Geschäftsleitung unterstellt sein. Unbeschadet dessen ist sicherzustellen, dass der Vorsitzende des Aufsichtsorgans unter Einbeziehung der Geschäftsleitung direkt beim Compliance-Beauftragten Auskünfte einholen kann."[46]
- Die Risikocontrolling-Funktion für Institute des Kredit- und Finanzdienstleistungswesens: Die MaRisk beschreibt, dass jedes „Institut [...] über eine unabhängige Risikocontrolling-Funktion verfügen [muss], die für die angemessene Überwachung und Kommunikation der wesentlichen Risiken unter Berücksichtigung der Auswirkungen von ESG-Risiken zu-

45 Bundesministerium für Umwelt, Entwurf des Umweltgesetzbuches (UGB) Erstes Buch (I) § 20.

46 BaFin, Rundschreiben 05/2018 (WA) – Mindestanforderungen an die Compliance-Funktion und weitere Verhaltens-, Organisations- und Transparenzpflichten – MaComp. In: bafin.de, 4.5.2024, BT 1.1.

> ständig ist. Die Risikocontrolling-Funktion ist aufbauorganisatorisch bis einschließlich der Ebene der Geschäftsleitung von den Bereichen zu trennen, die für die Initiierung bzw. den Abschluss von Geschäften zuständig sind."[47]

Unternehmen verfügen aber auch bereits jetzt über diese und andere, für sie nicht gesetzlich vorgeschriebene Beauftragte, wie bspw. Internes-Kontroll-System-Beauftragte, Abfallbeauftragte etc. Für diese gibt es demnach auch keine Pflicht zur Bestellung.

Ein großer Vorteil der gesetzlich vorgeschriebenen Beauftragten ist deren festgelegte Sonderstellung, die dadurch oft einen besonderen Schutz im Unternehmen genießt. Beispielsweise verfügt der Datenschutzbeauftragte über einen Sonderkündigungsschutz (Art. 38 Abs. 3 Satz 2 DSGVO), ebenso ist die Fachkraft für Arbeitssicherheit „bei der Anwendung ihrer [...] sicherheitstechnischen Fachkunde weisungsfrei. Sie dürfen wegen der Erfüllung der ihnen übertragenen Aufgaben nicht benachteiligt werden" (§ 8 Abs. 1 ASiG). Dieses Benachteiligungsverbot kommt einem relativen Kündigungsschutz gleich.

Insgesamt ist festzustellen, dass momentan keine Pflicht zur Bestellung eines allgemeinen Nachhaltigkeitsbeauftragten für Unternehmen besteht. Durch die Sorgfaltspflichten der Unternehmensleitung ist diese verpflichtet, die Einhaltung der rechtlichen Verpflichtungen sicherzustellen und zu überwachen. Das Unternehmen kann jedoch eine solche Funktion für diese Zwecke einrichten. Hierfür ist eine entsprechend wirksame Delegation notwendig.

Abgeleitet von Regeln und Vorgaben zu bestehenden Beauftragten ist es möglich, Ideen für die Ausgestaltung einer allgemeinen beauftragten Person für Nachhaltigkeit abzuleiten. Deshalb verweisen die folgenden Abschnitte immer wieder auf diese Gesetze bzw. Regelungen.

6.1.2 Wäre es trotzdem sinnvoll?

Nun ist die spannende Frage, ob die Einrichtung einer Position oder Abteilung im Bereich Nachhaltigkeit, CSR bzw. ESG trotzdem sinnvoll ist. Ein Artikel des Harvard Business Review aus dem Jahre 2023 stellte Folgendes fest:

> „In an ideal world, a stand-alone CSO role would become obsolete once companies fully integrate ESG considerations into their corporate strategy and operations. Until that day arrives, however, it is crucial to adapt and evolve the CSO role."[48]

---

47 BaFin, Rundschreiben 05/2023 (BA) – MaRisk BA. In: bafin.de, 4.5.2024, AT 4.4.1.
48 *Eccles/Taylor*, The Evolving Role of Chief Sustainability Officers.

Sprich, sobald Nachhaltigkeit vollständig in die Unternehmensstrategie und -prozesse integriert ist, benötigt es keinen Nachhaltigkeitsbeauftragten (Chief Sustainability Officer, CSO) mehr. Solange dies jedoch nicht gegeben ist, muss es die Rolle des Nachhaltigkeitsbeauftragten geben und diese sich noch weiterentwickeln.

Eccles und *Taylor* argumentieren in ihrem Artikel, dass Nachhaltigkeit bisher eher als eine Funktion angesehen wurde, welche sich um Nachhaltigkeitsinitiativen gekümmert hat, die das Unternehmen gut dastehen lassen sollen. Initiativen wie Müllreduzierung, Reduzierung des Stromverbrauchs und Freiwilligenprogramme für Mitarbeiter etc. führen dazu, dass die Grenzen zwischen Wohltätigkeit und Nachhaltigkeit verschwimmen und somit weder die Unternehmensstrategie, Kapitalallokationen oder Änderungen des Geschäftsmodells in Frage gestellt werden – was auch nicht gewollt war, da die Hauptverantwortung in der Erstellung schöner Nachhaltigkeitsberichte lag. Sie legen dar, dass dies ganz klar nicht mehr ausreicht, denn Nachhaltigkeit muss Teil der DNA des Unternehmens sein. Die Unternehmensstrategie und -prozesse müssen ESG integrieren und dies nicht mehr als „Zusatz" denken. Wenn diese Denkweise vollständig integriert ist, besteht auch kein Bedarf für Nachhaltigkeitsbeauftragte mehr.

Letztlich steht immer wieder die Frage im Raum, wie ernst ein Unternehmen das Thema Nachhaltigkeit nimmt. Wie im Reifegradmodell (→ Kapitel 5) vorgestellt, interpretieren Unternehmen das Thema (noch) sehr unterschiedlich. Insofern werden sowohl die Frage der Notwendigkeit als auch die organisatorische Ausgestaltung und die benötigten Kompetenzen in Abhängigkeit vom jeweiligen Unternehmen unterschiedlich beantwortet werden müssen. In den meisten Fällen wird es jedoch notwendig und wichtig sein, hierfür jemanden zu haben.

6.1.3 Welchen Namen gebe ich dem Kind?

Der Kreativität bei der Namenswahl für die Stellenbezeichnung sind aktuell keine Grenzen gesetzt. Eine kurze Suche bei den eingängigen Jobbörsen zeigt eine große Bandbreite. Eine Auswahl:

Corporate Sustainability Officer (CSO), CSR-Beauftragte/-r, ESG-Beauftragte/-r, (Senior) ESG-Manager, Manager Nachhaltigkeit, Nachhaltigkeitsbeauftragte/-r, Energie- und Nachhaltigkeitsbeauftragte/-r, Manager ESG-Reporting, ESG-Manager CSRD, Environment & Climate Manager, Sustainability Specialist, Sustainability Manager, Sustainability Coordinator, Nachhaltigkeits-/Umweltmanager, ESG Professional, ESG- und Nachhaltigkeitsmanager, ESG Spezialist, Referent ESG und Nachhaltigkeit, Program Manager ESG, Manager ESG-Communication, schön auch: Manager ESG Governance & Impact. Etc.

Das alles gibt es dann auch noch mit einem „Chief" oder „(Senior) Vice President" oder „Head of" davorgestellt.

Letztendlich gibt es auch hier keine Vorgabe und das jeweilige Unternehmen sollte einen Titel verwenden, den auch die Kollegen verstehen und der die Relevanz symbolisiert. Ist das Unternehmen eher deutschsprachig, wäre sicher ein deutscher Titel zielführend, sonst vielleicht eher die englische Variante. Beinhaltet der Titel CSR, jedoch spricht jeder im Unternehmen von ESG, ist es schwer eine Verbindung herzustellen. Unglücklich ist es auch, wenn Nachhaltigkeit als reines Umweltthema gesehen wird und dann die Aspekte „Soziales" und „gute Unternehmensführung" untergehen – daher wahrscheinlich auch die Anzahl der Titel, die sowohl Nachhaltigkeit als ESG aufführen.

6.2 Aufbauorganisation

6.2.1 Ableitung aus bestehenden Beauftragten

Die vorab beschriebenen Beauftragten schreiben folgende Berichtslinien vor:

- **Fachkraft für Arbeitssicherheit**: „Betriebsärzte und Fachkräfte für Arbeitssicherheit oder [...] der leitende Betriebsarzt und die leitende Fachkraft für Arbeitssicherheit, unterstehen unmittelbar dem Leiter des Betriebs." (§ 8 Abs. 2 ASiG)
- **Datenschutzbeauftragter**: Der Datenschutzbeauftragte berichtet unmittelbar der höchsten Managementebene des Verantwortlichen oder des Auftragsverarbeiters (Art. 38 Abs. 3 Satz 3 DSGVO).
- **Gleichstellungsbeauftragter**: Die Gleichstellungsbeauftragte wird gewählt (§ 20 BGleiG) und „gehört der Personalverwaltung an. In Dienststellen ist sie unmittelbar der Dienststellenleitung zugeordnet. In den obersten Bundesbehörden [...] ist auch eine Zuordnung zur Leitung dieser Abteilung möglich" (§ 24 Abs. 1 BGleiG).
- **Compliance-Management**: „Grundsätzlich ist die Compliance-Funktion unmittelbar der Geschäftsleitung unterstellt und berichtspflichtig. Sie kann auch an andere Kontrolleinheiten angebunden werden, sofern eine direkte Berichtslinie zur Geschäftsleitung existiert." (AT 4.4.2 Abs. 3 MaRisk)
- **Risikomanagement**: Die MaRisk beschreibt, dass jedes „Institut [...] über eine unabhängige Risikocontrolling-Funktion verfügen [muss] [...].

> Die Risikocontrolling-Funktion ist aufbauorganisatorisch bis einschließlich der Ebene der Geschäftsleitung von den Bereichen zu trennen, die für die Initiierung bzw. den Abschluss von Geschäften zuständig sind." (AT 4.4.1 MaRisk)

Daraus lässt sich ableiten, dass auch die Berichtslinie eines Nachhaltigkeitsbeauftragten idealerweise an die Unternehmensleitung (z.B. Vorstand, Geschäftsführung) gehen sollte. Ähnlich wie bei den hier aufgeführten Funktionen handelt es sich bei Nachhaltigkeit um ein zentrales Thema mit Relevanz für das gesamte Unternehmen und diese direkte Berichtslinie unterstützt dies. Die Befragten mittelständischer Unternehmen einer Umfrage zu ESG im Mittelstand aus dem Jahr 2023 erklärten zu 64%, dass das Thema Nachhaltigkeit der Geschäftsführung bzw. dem CEO zugeordnet ist.[49]

Dies ist auch insofern absolut konsequent, als eine Delegation des Themas von der Unternehmensleitung nicht zu weit weg sein sollte, um den Sorgfaltspflichten nachkommen zu können (Haftung nach § 43 GmbHG, § 76 AktG). Zudem kann Nachhaltigkeit als eine Art von Risikomanagement für Nachhaltigkeitsaspekte gesehen werden, und dieses ist eine inhärente Pflicht der Unternehmensleitung nach dem § 93 Abs. 2 und 3 AktG.

Eine von anderen Bereichen unabhängige Funktion hilft unter Umständen auch, das Thema als eigenständig fördern zu können. So wird es eben nicht nur als Teil der Compliance-Abteilung oder Teil der Finanzabteilung oder Teil der Unternehmenskommunikation gesehen – und wenn wir ehrlich sind, passt auch keines dieser Themen so richtig –, sondern eben als eigenständiges Themengebiet mit Schnittstellen in all diese wichtigen Bereiche.

6.2.2 Ausgestaltung als eigene Funktion

Idealerweise gibt es eine koordinierende Funktion oder Abteilung für Nachhaltigkeit, da die Unternehmensleitung regelmäßig nicht die Kapazität haben dürfte, alle Aspekte selbst übernehmen zu können. Dies auch ganz ähnlich dem Compliance- oder Risikomanagement. Es ist ein Thema, das selbstverständlich immer Verantwortung des gesamten Unternehmens sein wird, aber eine zentrale Koordination unterstützt. Die organisatorische Ausgestaltung ist dabei abhängig von vielen Faktoren:

- **Unternehmensgröße**: Während bei kleinen Unternehmen der Geschäftsführer/Vorstand/Inhaber durchaus selbst die Funktion übernehmen kann, wird dies mit steigender Unternehmensgröße und damit verbundenen Aufgaben für die Unternehmensleitung weniger möglich sein.

49 *Steimel/Steinhaus*, ESG-Management im Mittelstand, S. 7.

- **Externe Anforderungen**: Externe Anforderungen von Investoren, Kunden etc. sind nicht zu unterschätzen. Fordern diese viele ESG-Kennzahlen, Zertifizierungen, Benchmarks oder ähnliches an, führt dies zu einem ansteigenden Bedarf von Ressourcen.
- **Abgedeckte Rechtsgebiete**: Abhängig von der Unternehmensgröße, dem Sektor und der geografischen Ausrichtung wird das Unternehmen mit einer variierenden Anzahl von rechtlichen Regelungen aus dem Bereich ESG konfrontiert sein, die auch mit einem ansteigenden Bedarf von Ressourcen abzudecken sind.
- **Bereits vorhandene Funktionen (z. B. Revision, Risikomanagement, Compliance)**: Sofern bereits Funktionen im Unternehmen bestehen, die unterstützen können oder gar ganze Elemente des Nachhaltigkeitsmanagementsystems übernehmen können (z. B. Risikoanalyse, Nachhaltigkeitsberichterstattung etc.) und dafür auch über die Kompetenzen und Zeit verfügen, reduziert dies die Notwendigkeit, eine separate Funktion zu schaffen.
- **Vorhandene/gewünschte Kompetenzen**: Gerade für kleine und mittelständische Unternehmen, die vielleicht weniger Anforderungen erfüllen müssen, lohnt sich der Blick auf die vorhandenen Mitarbeiter. Vielleicht gibt es eine Person, die bereits die fachliche und persönliche Kompetenz (teilweise) mitbringt und die – mit etwas Unterstützung – auch diese Aufgabe übernehmen könnte. In diesem Fall ist es möglich, die Funktion auch an dem auszurichten, was bereits vorhanden ist

Tabelle 4: Nachhaltigkeit als eigene Funktion in Abhängigkeit von der Unternehmensgröße

	Bis 2.000 Mitarbeiter	**Bis 20.000 Mitarbeiter**	**Über 20.000 Mitarbeiter**
Unternehmensleitung übernimmt die Umsetzung der Nachhaltigkeitsanforderungen	Möglich	Eher unzureichend	Eher unzureichend
Delegation der Nachhaltigkeitsaufgaben an eine (oder mehrere) bestehende Funktion(en) (z. B. Compliance, Risikomanagement, Finanzen)	Möglich	Möglich	Eher unzureichend
Delegation der Nachhaltigkeitsaufgaben an eine eigenständige Nachhaltigkeitsfunktion/-abteilung	Möglich	Möglich	Zu erwarten

Basierend auf den sieben identifizierten Stufen des Reifegradmodells ist es möglich, den Bedarf eines Nachhaltigkeitsbeauftragten bzw. einer Nachhaltigkeitsfunktion auch in Stufen darzustellen. Ist Nachhaltigkeit noch kein Thema für ein Unternehmen, benötigt es eher keine Funktion in diesem Bereich. Je mehr ein Unternehmen sich jedoch dem Thema widmet (und je mehr gesetzliche Anforderungen es zu erfüllen hat), desto relevanter wird die Schaffung einer dedizierten Funktion für das Thema. Entsprechend den Darstellungen im → Unterkapitel 6.1.3 stellt sich jedoch die Frage, ob bei einer vollständigen Integration von Nachhaltigkeit in die Unternehmensstrategie noch eine Funktion notwendig ist oder eher lediglich bestimmte dezentrale Funktionen für bestimmte Themen wie Emissionsberechnungen, Zertifizierungen etc.

Tabelle 5: Bedarf nach einem Nachhaltigkeitsbeauftragten anhand des Reifegradmodells

Reifegrad	Bedarf für einen Nachhaltigkeitsbeauftragten
1. Irrelevant	Nein
2. Erste Ansätze – CSR	Vielleicht
3. Marketing – CSR	Ja, Teilzeit
4. ESG erste Schritte	Ja, Teilzeit
5. ESG-Pflichterfüllung	Ja, zwischen Teil- und Vollzeit
6. Unabhängige Nachhaltigkeitsstrategie	Ja, Vollzeit
7. Nachhaltiges Unternehmen	Nicht mehr oder als „business as usual“, spezielle Funktionen – z.B. für die Emissionsberechnungen

6.2.3 Das Drei-Linien-Modell

Als weitere Inspirationsquelle gibt es das Drei-Linien-Modell[50] des Institute of Internal Auditors (IIA). Es handelt sich beim IIA um eine Organisation, die international anerkannte Standards für die Interne Revision erlässt. Es zeigt auf, wie ein Unternehmen mit Risiken umgehen und seine Ziele erreichen kann. Die Unternehmensfunktionen sind in drei Linien aufgeteilt (siehe auch nachfolgende Abbildung). So umfasst die erste Linie all jene Funktionen, welche sich um die Kunden, die Produkte und Dienstleistungen des Unternehmens kümmern (z. B. Produktion, Vertrieb, Kundenbetreuung). Diese werden durch die Funktionen der zweiten Linie unterstützt. Diese

50 The Institute of Internal Auditors, Das Drei-Linien-Modell des IIA, 2 ff.

Funktionen erstellen Vorgaben und beraten hinsichtlich der Unternehmensrisiken und überwachen diese. Sie berichten auch übergreifend zu diesen Themen an die Unternehmensleitung. Zu diesen Funktionen gehören das Risikomanagement, das Compliance-Management, die Arbeitssicherheitsfunktion etc. Die Funktionen dieser beiden Linien berichten typischerweise an die Unternehmensleitung.

Unabhängig davon befindet sich die Interne Revision als dritte Linie. Sie ist verantwortlich für die objektive und unabhängige Überprüfung der Tätigkeiten der ersten und zweiten Linie. Typischerweise berichtet sie an den Aufsichtsrat bzw., falls vorhanden, an den Prüfungsausschuss.

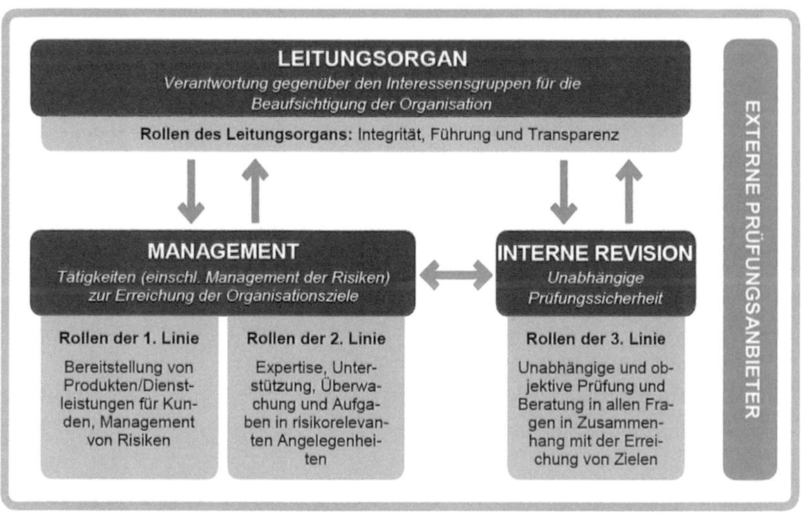

Abbildung 8: Drei-Linien-Modell[51]

Der Nachhaltigkeitsbeauftragte bzw. eine Nachhaltigkeitsfunktion wäre nach diesem Modell der zweiten Linie zuzuordnen. Sie ist letztlich eine Unterstützungsfunktion für alle Funktionen des Unternehmens hinsichtlich der Nachhaltigkeitsaspekte/ESG. Sie kann und soll Vorgaben machen, hinsichtlich der Risiken beraten, deren Überwachung unterstützen und einen großen Teil der Berichterstattung bewältigen. Auch hier wäre eine Berichterstattung direkt an die Unternehmensleitung abzuleiten.

51 Deutsches Institut für Interne Revision e.V. (DIIR), https://diir.de/content/uploads/2023/08/Three-Lines-Model-Updated-German.pdf.

6.2.4 Das Nachhaltigkeits-/ESG-Komitee

Letztlich und wie wir auch noch in den nachfolgenden Kapiteln sehen werden, kann ein Nachhaltigkeitsbeauftragter nicht im Vakuum existieren. Vielmehr handelt es sich um eine Art Unterstützungsrolle für das gesamte Unternehmen, und diese kann, muss jedoch nicht, eine Person bzw. Abteilung ausüben.

In vielen Unternehmen wird aufgrund der Komplexität und Vielfalt der zu behandelnden Themen ein (unterstützender) Nachhaltigkeitsausschuss (auch: CSR-/ESG-Committee/-Komitee, CSR-/ESG-Steuerungsgruppe, o. ä.) gebildet. Hierzu gibt es unterschiedliche Ausprägungen, von denen drei Beispiele vorgestellt werden sollen.

1. Nachhaltigkeitsausschuss zur gemeinsamen Leitung der Nachhaltigkeitsthemen:

In dieser Variante sind Vertreter aus von Nachhaltigkeitsthemen betroffenen Bereichen vertreten, die gemeinsam die Steuerung der Themen verantworten. Hier würden sich beispielsweise Vertreter folgender Bereiche anbieten:

- Risikomanagement
- Compliance
- Personal
- Einkauf
- Finanzen/Controlling: Nachhaltigkeitsberichterstattung
- Unternehmenskommunikation/Presse
- Produktion
- Qualitätsmanagement
- Gebäudemanagement
- Forschung- und Entwicklung
- Vertrieb
- etc.

Wichtig ist jedoch auch hier, dass der Ausschuss an ein Mitglied der Unternehmensleitung berichtet – sofern dieses nicht sogar Teil des Ausschusses ist.

2. Nachhaltigkeitsausschuss zur Unterstützung der Nachhaltigkeitsfunktion:

Diese Form des Nachhaltigkeitsausschusses wird durch die Nachhaltigkeitsfunktion organisiert. Die Vertreter der Bereiche sind aus derselben Liste wie aus dem vorhergehenden Beispiel zu entnehmen. Ziel ist die konkrete Unterstützung der Nachhaltigkeitsfunktion. Dies kann die Beratung hinsichtlich dedizierter Themen sein, die gemeinsame Abstimmung/Durchführung von Einzelthemen (z. B. Wesentlichkeitsanalyse) oder eine gemeinsame Berichterstattung der Bereiche an die Nachhaltigkeitsfunktion bzgl. der geplanten bzw. durchgeführten Maßnahmen und Kennzahlen.

Die Berichtslinie des Ausschusses an die Unternehmensleitung ist möglich, ebenso die Teilnahme entsprechender Vertreter der Unternehmensleitung.

3. Nachhaltigkeitsausschuss unter Vertretung der Eigentümer/ Investoren:

Also letzte Form wäre auch ein Nachhaltigkeitsausschuss auf der gleichen Ebene wie der Prüfungsausschuss denkbar – sprich, als Ausschuss des Aufsichtsrates. Hier würden sich beispielsweise Mitglieder des Aufsichtsrates befinden sowie mindestens ein Mitglied der Unternehmensleitung, Vertreter der Nachhaltigkeitsfunktion und ggf. anderer Funktionen. Ziel dieses Ausschusses könnten die Abstimmung und Überwachung der Nachhaltigkeitsstrategie sein oder aber auch die Organisation der Prüfung der Nachhaltigkeitsberichterstattung durch den Wirtschaftsprüfer. So ist auch die direkte Einbindung dieses wichtigen Stakeholders sichergestellt.

Egal welche Form gewählt wird, ist es hilfreich, eine Geschäftsordnung zu definieren, die klar die Ziele und Aufgaben inhaltlich definiert, ebenso wie die Berichtslinie, Frequenz der Sitzungen und Mitglieder. Auch eine Protokollierung der Besprechungen ist zu empfehlen.

6.2.5 Schnittstellen

Aufgrund der Bandbreite der Themen oder eher der Notwendigkeit, ein Managementsystem für Nachhaltigkeit zu definieren und zu implementieren, gibt es viele Schnittstellen mit anderen Funktionen. Ebenso gibt es keine einheitliche Definition der exakten Aufgaben, die ein Nachhaltigkeitsbeauftragter unbedingt und allein machen muss, und so können und werden sicherlich einige Tätigkeiten auch von anderen Funktionen wahrgenommen. Darin besteht ein fantastischer Spielraum, da es möglich ist, die Rolle entsprechend den Fähigkeiten und Kompetenzen der gewählten Person und den vorhandenen Funktionen im Unternehmen anzupassen. Eine Auswahl von möglichen Schnittstellen und ihrem (möglichen) Konfliktpotenzial:

Risikomanagement: Die Aufgabe des Risikomanagements besteht darin, das Unternehmen bei der Identifizierung, Bewertung, Priorisierung, Steuerung und der Überwachung von Risiken zu unterstützen. Dies beinhaltet auch die Berichterstattung an die Unternehmensleitung und ggf. den Aufsichtsrat. Die Aufgabe der Nachhaltigkeitsbeauftragten ist es, die Risiken (und Chancen) des Unternehmens in Hinblick auf Umwelt und Menschen zu identifizieren, bewerten, priorisieren, den Umgang damit zu bestimmen, sie zu überwachen etc. Beide Funktionen beschäftigen sich daher mit Risiken, und die Risikomanagementfunktion muss ebenfalls die Nachhaltigkeitsrisiken kennen und in ihren Prozessen berücksichtigen. Zudem führt das Risikomanagement wahrscheinlich bereits ESG-relevante Risiken in seinem Risikoregister – ebenso wie vielleicht andere Funktionen der zweiten Linie (z. B. Arbeitssicherheit, Compliance-Management). Es ist daher relevant, festzulegen, wie diese Funktionen zusammenarbeiten. Einerseits stellt sich die Frage, wer die Erfassung und Bewertung der Nachhaltigkeitsrisiken (und -chancen) vornimmt. Macht dies die Nachhaltigkeitsfunktion, das Risikomanagement oder eine andere Funktion oder eine Kombination daraus? Berichtet die Nachhaltigkeitsfunktion einfach ihre Risiken dem Risikomanagement oder umgekehrt? Beispielsweise könnten das Risikomanagement, der Nachhaltigkeitsbeauftragte oder auch das Compliance-Management neue rechtliche Anforderungen im Bereich ESG identifizieren und bewerten oder dies gemeinsam machen (z. B. für das Lieferkettensorgfaltspflichtengesetz). Andererseits stellt sich die Frage nach der Methode der Erfassung und vor allem Bewertung der Risiken. Idealerweise verwenden die Funktionen gleiche Skalen zur Einschätzung der Risiken, denn es wäre unschön, wenn eine Funktion ein gegebenes Risiko als hoch einstuft, während die andere es als niedrig einstuft. Oft besteht bereits eine Risikomanagementmethodik und es ist möglich, diese an spezifische Nachhaltigkeits-/ESG-Aspekte anzupassen. Dies wird bspw. bei den Empfehlungen der Taskforce for Climate-related Financial Disclosures (TCFD) deutlich, die entsprechende Vorgaben definiert hat.[52] Eine enge Abstimmung ermöglicht es, eine einheitliche Methodik anzuwenden und erlaubt damit ein klares Bild der Risikosituation des Unternehmens auf allen Ebenen.

Interne Revision: Die Interne Revision ist eine „unabhängige und objektive Prüfungs- und Beratungstätigkeit, welche darauf ausgerichtet ist, Mehrwerte zu schaffen und die Geschäftsprozesse zu verbessern. Sie hilft einem Unternehmen, seine Ziele zu erreichen, indem sie einen systematischen und zielgerichteten Ansatz zur Bewertung und Verbesserung der Wirksamkeit der Governance-, Risikomanagement- und Kontrollprozesse anwendet."[53] Diese Prüfungen und Beratungen umfassen möglicherweise entsprechend dem Prüfungs- und Beratungsplan auch Nachhaltigkeitsthemen. Das heißt, einerseits kann die Interne Revision den Aufbau eines Nachhaltigkeitsmanagementsystems begleiten und unterstützen, andererseits kann es zu Konflikten hinsichtlich der Durchführung von Prüfungen kommen. Die Nachhaltigkeitsfunktion muss als Teil des Managementsystems die Einhaltung

52 Taskforce for Climate-related Financial Disclosures, Guidance on Risk Management Integration and Disclosure, 2020, 20.2.2024, assets.bbhub.io/company/sites/60/2020/09/2020-TCFD_Guidance-Risk-Management-Integration-and-Disclosure.pdf.

53 The Institute of Internal Auditors, Global Internal Audit Standards, 11 f.

der Regeln überwachen und prüfen. Es kann in ihrem Aufgabenbereich liegen, die Prüfung von Bereichen, Prozessen oder Lieferanten bzw. anderen Geschäftspartnern hinsichtlich von Nachhaltigkeitsaspekten durchzuführen. Hier können sich die Tätigkeiten der beiden Funktionen überschneiden, sollten auch Prüfungen seitens der Interne Revision geplant sein. Möglich wäre es auch, wenn lediglich eine Funktion diese durchführt und den Bericht der anderen Funktion zur Verfügung stellt bzw. sie die Prüfungen gemeinsam durchführen. Hier auf die Prüfungskompetenz und die Unabhängigkeit und Objektivität der Internen Revision zählen zu können, ist sicher ein Vorteil. Ein weitere Punkt können Ermittlungen bei Verdacht auf Vergehen im Bereich Nachhaltigkeit sein (intern oder extern). Neben den regelmäßigen Prüfungen kann es auch zu Ermittlungen bei Hinweisen kommen. Denkbar wären zum Beispiel Verstöße gegen Regeln, Prozesse und Kontrollen bei Lieferanten. Wenn ein Hinweisgebersystem besteht, ist zu klären, welche Funktion im Unternehmen für die Ermittlung bei welcher Art von Meldungen zuständig ist.

Daher empfiehlt es sich, abhängig von der konkreten Ausgestaltung des jeweiligen Unternehmens, eine klare Beschreibung der Schnittstellen vorzunehmen und Absprachen zu treffen. Dazu kann auch die regelmäßige Abstimmung der Prüf- und Kontrollpläne gehören oder der Austausch von Prüfungsergebnissen. Es kann aber auch eine Festlegung geben, welcher Funktion die Führung bei der Prüfung bestimmter Themen oder Vorfälle obliegt.

Beauftragte (z. B. Arbeitssicherheit): Eine Problematik ergibt sich bei Unternehmen, die einen zentralen Nachhaltigkeitsbeauftragten bzw. Nachhaltigkeitsbereich aufbauen wollen und gesetzlich Beauftragte haben, die eigentlich auch diesem Themenbereich zuzuordnen wären. Hier bietet sich die Einrichtung einer Matrixorganisation an. Das heißt, eine zusätzliche Berichtslinie zum Nachhaltigkeitsbeauftragten – mindestens jedoch ein fester Austausch, bspw. über einen Ausschuss. Es ist nicht zu unterschlagen, dass darin Konfliktpotenzial besteht, da sich gesetzlich Beauftragte in der Interpretation und Ausübung ihrer Aufgaben eingeschränkt oder beeinflusst sehen könnten. Fingerspitzengefühl ist hier definitiv wichtig – wie in so vielen anderen Bereichen auch.

Finanzabteilung: Eine weitere Sonderthematik könnte die Nachhaltigkeitsberichterstattung darstellen. Da diese durch die Corporate Sustainability Reporting Directive (CSRD) nunmehr auf den Status der Finanzberichterstattung gehoben wird, besteht starkes Konfliktpotenzial zwischen der Verantwortlichkeitszuweisung für die Berichterstattung zwischen der Finanzabteilung und dem Nachhaltigkeitsbeauftragten – oder gar der Kommunikationsabteilung, die in vielen Unternehmen bisher für den CSR-Bericht oder Nachhaltigkeitsbericht verantwortlich ist. Eine mögliche Lösung dieses

Konflikts zwischen Finanzabteilung und Nachhaltigkeit wäre eine Trennung der Aufgaben. Beispielsweise könnte die Nachhaltigkeitsabteilung sich um die Wesentlichkeitsanalyse kümmern und diese der Finanzabteilung übergeben. Die Finanzabteilung würde sich dann um die Analyse der notwendigen Berichtspflichten, die Sammlung der Informationen, die Erstellung des Berichts im notwendigen Format und dessen Prüfung kümmern.

Diese Auflistung ist natürlich nicht abschließend und es gibt weitere Schnittstellen anderer Funktionen zum Nachhaltigkeitsbeauftragten. Sie macht jedoch deutlich, dass ohne eine enge Abstimmung und Zusammenarbeit Probleme entstehen. So können Konflikte mit anderen Funktionen entstehen, wenn sich diese in ihrem Aufgabenfeld angegriffen fühlen. Ebenso führt es zu Problemen, wenn eine unterschiedliche Methodik für die Risikobewertung verwendet wird und es so zu Abweichungen in Einschätzungen in der Berichterstattung zur Unternehmensleitung kommt. Letztlich sollten die Funktionen der zweiten Linie (sprich eigentlich Unterstützungsfunktionen für das Unternehmen) zusammenarbeiten und gemeinsam der Unternehmensleitung ein kohärentes Bild zur Risikolage des Unternehmens liefern. Dies kann wie folgt möglich sein:[54]

- Interne Abstimmung und Abgrenzung der Tätigkeitsbereiche sowie ein regelmäßiger Informationsaustausch zwischen den Funktionen. So können sich diese über Unternehmensinformationen austauschen, Risiken diskutieren, Prüfpläne abstimmen, Prüfungen gemeinsam durchführen oder Prüfungsberichte austauschen. Dies führt auch zu einer Entlastung der operativen Funktionen durch weniger bzw. zielgerichtete Prüfungen.
- Besprechungen zur Informationsbeschaffung gemeinsam durchführen (z. B. Status von großen Projekten).
- Gemeinsame Definitionen für Begrifflichkeiten wie Prüfung, Audit, Kontrolle, Risiko etc. festlegen.
- Verwendung der gleichen Methoden zum Risikomanagement, aber auch Prüfungsmethoden (z. B. Stichprobengrößen, Prüfmethoden/Tools, Formate etc.).
- Klärung der Verantwortlichkeiten bei Ermittlungen. Sprich, wenn eine Ermittlung ESG-Relevanz hat, wie bei Meldungen zu Verstößen gegen Umweltvorgaben oder Menschenrechte, kümmert sich darum der Nachhaltigkeitsbeauftragte, die Compliance-Funktion oder die Interne Revision? Verschiedene Ausgestaltungen sind möglich und die Verantwortung muss generell geklärt sein.

Eine Gruppe von Personen soll nicht ungenannt bleiben: die Berater und externen Experten. Es gibt vielleicht immer mal wieder die Situation, dass

54 Abschnitt in Anlehnung an: Arbeitskreis „Interne Revision in der Versicherungswirtschaft“.

bestimmte Fähigkeiten intern nicht vorhanden sind, diese nicht so schnell aufgebaut werden können oder so punktuell benötigt werden, dass sich dies nicht lohnt. In diesem Fall ist auch der Einsatz von Beratern oder externen Experten möglich und ratsam. Sie können bei spezifischen Problemstellungen helfen oder Engpässe abfedern.

Da Nachhaltigkeit bzw. ESG ein extrem breites Themenspektrum birgt, erfordert es eine große Vielfalt von Kompetenzen und Fähigkeiten, um ein entsprechendes Managementsystem zu gestalten und umzusetzen. Gerade kleine und mittelständische Unternehmen können kaum die ganze Bandbreite in einer Nachhaltigkeitsfunktion oder einem Nachhaltigkeitsbeauftragten abdecken. Daher sollte sie nicht scheuen, manche der Aufgaben durch andere Funktionen übernehmen zu lassen – gerade Unternehmen, die nicht durch die Finanzaufsicht reguliert sind, haben hier gewisse Freiheiten, und das kann große Synergien schaffen. Unabdingbar sind so oder so eine enge Zusammenarbeit und ein gemeinsames Verständnis. Sie schaffen gegenseitige Akzeptanz, vermeiden Konkurrenzdenken und stärken die Funktionen in der Wahrnehmung durch die anderen Bereiche.

6.3 Aufgaben

Die Aufgabenpalette des Nachhaltigkeitsbeauftragten ist sehr lang. Im Grunde ist eine Nachhaltigkeitsstrategie und ein Nachhaltigkeitsmanagementsystem zu entwickeln und zu implementieren, das auch allen rechtlichen Anforderungen gerecht wird. Die Vorgehensweise dazu schauen wir uns im → Kapitel 8 an. Jedoch zeigt schon allein die Beschreibung zum Umgang mit ESG-Risiken aus der MaRisk, wie breit dieses Feld ist. Insgesamt fordert die MaRisk die Berücksichtigung von ESG-Risiken durch alle Elemente hindurch – in der Aufbau- und Ablauforganisation ebenso wie in den Prozessen, internen Kontrollsystem etc. Hier ein paar Beispiele:

Organisationsrichtlinien: Die BaFin führt in AT5 Tz. 3 der MaRisk aus, dass „Organisationsrichtlinien […] auch Regelungen zur Berücksichtigung der Auswirkungen von ESG-Risiken zu beinhalten [haben]". Sie beschreibt weiterhin Kriterien für Organisationsrichtlinien, die eine gute Inspiration liefern. So sollen nach AT5 Tz. 1 „die Geschäftsaktivitäten auf der Grundlage von Organisationsrichtlinien betrieben werden (z. B. Handbücher, Arbeitsanweisungen oder Arbeitsablaufbeschreibungen). Der Detaillierungsgrad der Organisationsrichtlinien hängt von Art, Umfang, Komplexität und Risikogehalt der Geschäftsaktivitäten ab." Weiterhin beschreibt AT5 Tz. 2, dass diese „schriftlich fixiert und den betroffenen Mitarbeitern in geeigneter Weise bekannt gemacht werden [müssen]. Es ist sicherzustellen, dass sie den Mitarbeitern in der jeweils aktuellen Fassung zur Verfügung stehen. Die

Richtlinien sind bei Veränderungen der Aktivitäten und Prozesse zeitnah anzupassen."

Internes Kontrollsystem: Der Abschnitt BT1 zu den besonderen Anforderungen an das interne Kontrollsystem beschreibt unter anderem, dass die Auswirkungen von ESG-Risiken bei der Ausgestaltung der Risikosteuerungs- und -controllingprozesse zu berücksichtigen sind.

Operationelle Risiken: Der Abschnitt BTR4 Tz. 2 fordert die Gewährleistung, „dass wesentliche operationelle Risiken zumindest jährlich identifiziert und beurteilt werden. Dabei sind die Auswirkungen von ESG-Risiken angemessen zu berücksichtigen."

Berichterstattung: Laut BT 3.2 Tz. 2 hat die „Risikocontrolling-Funktion [...] regelmäßig, mindestens aber vierteljährlich, einen Gesamtrisikobericht über die als wesentlich eingestuften Risikoarten unter Berücksichtigung der Auswirkungen von ESG-Risiken zu erstellen und der Geschäftsleitung vorzulegen. Mit Blick auf die einzelnen als wesentlich eingestuften Risikoarten kann [...] auch eine monatliche, wöchentliche oder tägliche Berichterstattung über einzelne Risikoarten erforderlich sein.

Die MaRisk ordnet diese Aufgaben vor allem der Risikocontrolling-Funktion zu, aber wir fassen das Themenfeld etwas weiter, da das Nachhaltigkeitsmanagementsystem einfach mehr umfasst. Da die verschiedenen Elemente nicht im Vakuum stattfinden können, ist eine Kernaufgabe des Nachhaltigkeitsbeauftragten daher mit Sicherheit die Entwicklung, Koordinierung und Steuerung der verschiedenen Elemente mit den unterschiedlichen Akteuren im Unternehmen. Diese Elemente umfassen mindestens:

1. Umfassendes Risiko- und Chancenmanagement (und Auswirkungsmanagement) von der Identifikation, Bewertung, Priorisierung, Bestimmung der Strategien und Maßnahmen bis zur Überwachung etc.,
2. die Erstellung von Richtlinien, Arbeitsanweisungen, Prozessbeschreibungen, Handbüchern etc.,
3. Anpassung des internen Kontrollsystems,
4. Überwachung der Maßnahmen,
5. Kennzahlen und Berichterstattung etc.

Im Grund also die Unterstützung des gesamten Nachhaltigkeitsmanagementsystems von der Bestimmung der Nachhaltigkeitsstrategie bis zu deren Umsetzung, oder aber: die Unterstützung von klar definierten Teilbereichen des Nachhaltigkeitsmanagements.

6.4 Anwendung auf die Spielz-Werke GmbH & Co. KG

Wie in der Ausgangsbeschreibung dargestellt, möchte unser Spiele- und Spielzeugunternehmen eine Person für Nachhaltigkeit einstellen, um mit dem steigenden regulatorischen Rahmen und dem Ansturm von Kundenanfragen umgehen zu können, aber auch das Unternehmen strategisch nachhaltiger auszurichten. Es hat sich daher dazu entschieden, die Position eines Nachhaltigkeitsbeauftragten in direkter Berichtslinie zum Geschäftsführer einzurichten, um die Relevanz des Themas deutlich zu machen. Anna Schulz ist diese neue Nachhaltigkeitsbeauftragte der Spielz-Werke. Es wurde ihr überlassen, zu evaluieren, wie eine weitere organisatorische Ausgestaltung aussehen sollte. Aufgrund der Breite der Themen und um deutlich zu machen, dass Nachhaltigkeit/ESG nicht nur ein Thema für ihre Funktion ist, hat sie den Vorschlag gemacht, ein ESG-Komitee ins Leben zu rufen. Hier finden sich Verantwortliche für die Funktionen Personal, Einkauf, Produktentwicklung, Produktion, Finanzen, Risikomanagement, Unternehmenskommunikation und Vertrieb. Geplant ist es, dass sich dieses Komitee quartalsweise trifft und die Entwicklung der Nachhaltigkeitsstrategie und deren Umsetzung unterstützt. Es berichtet an den Geschäftsführer. In seiner ersten Sitzung haben sich die Mitglieder eine Geschäftsordnung gegeben und damit bestimmt, welche Aufgaben sie haben, wer dabei sein soll, wie oft sie sich treffen etc.

Zunächst einmal haben wir festgestellt, dass es keine Pflicht für die Einrichtung eines Nachhaltigkeitsbeauftragten gab. Eine solche Funktion dennoch einzurichten, ist durchaus sinnvoll, ebenso die Berichtslinie direkt an den Geschäftsführer. Zum einen gibt es somit eine zentral koordinierende Stelle für die Bandbreite der Themen und zum anderen reflektiert die Berichtslinie die Relevanz des Themas in das Unternehmen.

Die Idee, ein ESG-Komitee ins Leben zu rufen, ist zweckmäßig und erlaubt, Bewusstsein zu schaffen und die notwendigen Ressourcen festlegen zu können. Die beschriebenen Bereiche decken die Wertschöpfungskette von Beschaffung, Produktentwicklung, Produktion und Vertrieb ab, ebenso wie die relevanten Unterstützungsfunktionen Personal (z. B. für die sozialen Themen, die Mitarbeiter betreffend), Risikomanagement (z. B. für die Wesentlichkeitsanalyse), Finanzen (z. B. für die Nachhaltigkeitsberichterstattung) oder Unternehmenskommunikation (z. B. Sicherstellung einer neutralen Kommunikation ohne „Greenwashing"). Dies berücksichtigt auch die Betrachtung der Geschäftspartner, wie Lieferanten und Kunden. Empfehlenswert wäre noch die Hinzuziehung der Fachkraft für Arbeitssicherheit – spätestens ab dem Zeitpunkt, zu dem dieses Thema wesentlich für die Spielz-Werke aus Nachhaltigkeitsgesichtspunkten ist. Gäbe es eine Compliance-Abteilung oder eine Interne Revision, könnten diese Bereiche auch vertreten sein. Die Berichtslinie an die Geschäftsführung ist konsequent.

6.5 Fazit

Wir haben gesehen, dass es keine rechtliche Verpflichtung gibt, einen Nachhaltigkeitsbeauftragten zu ernennen. Sehr wohl gibt es jedoch andere Beauftragte, die Nachhaltigkeitsthemen berühren und die abhängig von der Art des Unternehmens zu benennen sind (z.B. Fachkraft für Arbeitssicherheit). Das Thema Nachhaltigkeit (wie auch Risikomanagement oder Compliance) geht alle Mitarbeitenden an, aber letztlich liegt die Haftung für dieses Thema bei der Unternehmensleitung. Diese wird ab einem bestimmten Grad der Komplexität und Größe diesem Thema nicht mehr allein nachkommen können. Dann muss für die Umsetzung eine geeignete Organisationsstruktur gefunden werden, die sehr unterschiedlich ausgestaltet sein kann. Neben der Einrichtung einer separaten Nachhaltigkeitsfunktion mit direkter Berichtslinie an die Unternehmensleitung sind auch andere Formen wie die Zuordnung zu einer bestehenden Funktion oder die zusätzliche Einrichtung eines Nachhaltigkeitsausschusses denkbar. Welche Form genutzt wird, hängt von unterschiedlichen Faktoren ab. Zunächst einmal von den Anforderungen, aber auch von der Ausgangssituation im Unternehmen. Sprich, welche Funktionen und Kompetenzen gibt es bereits, und wer könnte welche Aufgaben übernehmen. Benötige ich zusätzlich eine koordinierende Stelle oder nicht? Viele Unternehmen starten letztlich mit einer Form und justieren diese nach – durch eine steigende Anzahl externer Anforderungen oder einen Wandel hinsichtlich der strategischen Entwicklung. Manches wird gut funktionieren, anderes nicht. Wichtig ist es, den ersten Schritt zu gehen.

7. Kompetenzen und Ausbildung

Die benötigten Kompetenzen und Fähigkeiten eines Nachhaltigkeitsbeauftragten sind aufgrund der Aufgabenvielfalt (siehe → Kapitel 6) kaum einheitlich zu definieren, weil die Ausgestaltung so unterschiedlich sein kann. Ist die Aufgabe die Entwicklung und Umsetzung einer Nachhaltigkeitsstrategie oder rein fokussiert auf die Entwicklung und Berechnung von Kennzahlen oder die Nachhaltigkeitsberichterstattung? Auch wird ein Nachhaltigkeitsbeauftragter selten allein oder ausschließlich innerhalb seines Bereichs agieren können. Wenige Funktionen müssen so intensiv in der Interaktion mit anderen Bereichen im Unternehmen stehen. Unter Berücksichtigung dieser Faktoren ist es aber möglich, ein paar Feststellungen hinsichtlich der benötigten Kompetenzen und der Ausbildung zu treffen.

7.1 Kompetenzen

Vor der Erstellung einer Stellenbeschreibung muss sich das Unternehmen fragen, was es mit der Funktion beabsichtigt. Soll es eine Person sein, die:

- ein paar reine „Feel good"-CSR-Maßnahmen definieren und umsetzen soll,
- die (lediglich) rechtliche Anforderungen umsetzt,
- die ein dediziertes Nachhaltigkeitsmanagementsystem aufbaut,

oder jemand, der eine Transformation des Unternehmens hin zu einem ökologisch und sozial nachhaltigem Unternehmen, in dem eher der Stakeholder-Ansatz relevant ist als der Shareholder-Ansatz, begleitet?

Im ersten Fall benötigt es vor allem eine Person mit Kreativität und Organisationstalent bzw. Projektmanagementerfahrung.

Im zweiten Fall benötigt es eine Person, die in der Lage ist, die Anforderungen und unternehmenseigenen Prozesse zu verstehen, um dann die notwendigen Ideen für die Umsetzung entwickeln und anpassen zu können. Dazu gehört es auch, Workshops veranstalten zu können, Informationen und Daten zusammenstellen zu können etc. Es benötigt eine Person, die darüber hinaus in der Lage ist, auch die vielleicht kontroversen Diskussionen auf allen Hierarchieebenen führen zu können. Nicht fehlen darf in alledem gutes Organisationstalent.

Im dritten Fall, für den Aufbau und die Weiterentwicklung eines Nachhaltigkeitsmanagementsystems, benötigt es zusätzlich die Fähigkeit, ein Managementsystem aufbauen und steuern zu können.

Im letzten Fall müssen die Anforderungen teilweise andere sein. Ein Unternehmen nachhaltig auszurichten, bedeutet wirkliche strategische Arbeit und Veränderungsmanagement auf allen Ebenen. Dies zu steuern, erfordert zusätzlich entsprechende persönliche wie fachliche Kompetenzen und sollte vielleicht gar beim Vorstand oder Geschäftsführer liegen.

Neben diesen eher analytischen, methodischen und persönlichen Fähigkeiten sind die fachlichen Kompetenzen ebenso schwierig zu verallgemeinern, weil es auf den Schwerpunkt der Tätigkeit ankommt. Nachhaltigkeitsbeauftragte, die sich ganzheitlich mit der Thematik beschäftigen, sollten einen guten Überblick über alle Bereiche haben (z.B. gesetzliche Vorgaben, Berechnungen von Kennzahlen, Menschenrechte etc.), sich mit Managementsystemen auskennen und über eine ordentliche Portion Menschen- und Methodenkenntnis verfügen (Projektmanagement, Organisation, Koordination etc.). Nachhaltigkeitsbeauftragte, die für einen bestimmten Bereich zuständig sind, brauchen vor allem Fachkenntnis in ihrem Bereich (z.B. Zertifizierungen, THG-Emissionsberechnungen, Szenarioanalysen, Diversität & Inklusion, Menschenrechte, Lieferketten, Nachhaltigkeitsberichterstattung, bestimmte Gesetze etc.).

7.2 Anwendung auf das Reifegradmodell

Wenden wir das dies auf unser Reifegradmodell (→ Kapitel 5) an, so ergeben sich sehr unterschiedliche Anforderungen, abhängig vom bestehenden bzw. gewünschten Reifegrad.

Tabelle 6: Kompetenzen am Beispiel des Reifegradmodells

Reifegrad	Benötigte Kompetenzen
1. Irrelevant	-
2. Erste Ansätze – CSR	Organisationstalent, Kreativität
3. Marketing – CSR	Organisationstalent, Kreativität, gewisse Zahlenaffinität
4. ESG erste Schritte	Organisationstalent, Zahlenaffinität
5. ESG-Pflichterfüllung	Organisationstalent, Zahlenaffinität, Prozessmanagement
6. Unabhängige Nachhaltigkeitsstrategie	Organisationstalent, Kreativität, Zahlenaffinität, Prozessmanagement, strategisches Denken, Verhandlungsgeschick
7. Nachhaltiges Unternehmen	Organisationstalent, Kreativität, Zahlenaffinität, strategisches Denken, Verhandlungsgeschick, Change Management

7.3 Aus- und Weiterbildung

Da es sich um ein so umfassendes Themengebiet handelt, gibt es auch nicht die eine Ausbildung, die es zu absolvieren gilt. Mittlerweile gibt es Bachelor- und Masterstudiengänge, die allgemein das Nachhaltigkeitsmanagement adressieren (z. B. Bachelor für Nachhaltigkeitsmanagement oder Master für Sustainability Management, Master of Arts Nachhaltiges Management). Es gibt aber auch eine ganze Bandbreite spezialisierter Studiengänge, sei es zum Thema Umweltmanagement, Klima, Diversität etc. (z. B. Master Diversitätsmanagement (MBA), Sustainability Science: Ecosystems, Biodiversity and Society (M.Sc.)). Gerade bestimmte Themen sind so speziell – wir denken an Szenario-Analysen für Klimarisiken –, dass es ohne sehr spezifische Spezialisierungen kaum zu bewerkstelligen ist, die Themen zu bearbeiten. Viele Studiengänge kombinieren auch Nachhaltigkeit mit einem anderen Thema (z. B. nachhaltige Produktentwicklung, nachhaltige Mobilität und Logistik, Psychologie und Nachhaltigkeit, nachhaltige Energietechnik und -systeme, nachhaltiger Pflanzenbau etc.). Diese letzte Variante ist auch absolut sinnvoll, da es wichtig ist, Nachhaltigkeit in jedem Bereich mitzudenken, und eine Integration in die bestehenden Ausbildungen daher absolut sinnvoll erscheint.

Jedoch ist ebenso der Quereinstieg möglich – diverse Zertifikatslehrgänge und Weiterbildungen bieten den Einstieg bzw. die Weiterentwicklung hin zum allgemeinen Nachhaltigkeitsmanagement oder vermitteln die Fähigkeiten für bestimmte Nachhaltigkeitsthemen, z. B. Nachhaltigkeitsberichterstattung, Klimaschutzmanagement, Ökobilanzierung, Nachhaltigkeit im Einkauf oder der Personalabteilung etc. Eine einfache Internetsuche bietet einen Einblick auf ein riesiges Meer von Angeboten.

Jede Ausrichtung hat ihre Berechtigung, denn letztlich kommt es darauf an, auf welcher Ebene bzw. in welchem Bereich Sie arbeiten wollen oder was der Bedarf Ihres Unternehmens ist.

Aus Sicht des Unternehmens gilt es zunächst, herauszufinden, welchen Ansatz das Unternehmen für Nachhaltigkeit verfolgen möchte bzw. welche Anforderungen notwendig sind. Wird jemand gesucht, der sich vor allem mit den Berechnungen der Emissionen beschäftigt, sucht das Unternehmen jemand anderen als bei der Suche nach einer Person, die eine Transformation der Unternehmensausrichtung begleiten soll. In jedem Fall ist es empfehlenswert, Quereinsteiger zu berücksichtigen, weil viel Methodenkenntnis ebenso in anderen Studiengängen und Ausbildungen (und im Berufsleben) vermittelt wird. Vielleicht sitzt die richtige Person auch bereits bei Ihnen.

7.4. Fazit

Wie wir festgestellt haben, sind die benötigten Kompetenzen und Fähigkeiten eines Nachhaltigkeitsbeauftragten aufgrund der Aufgabenvielfalt kaum einheitlich zu definieren, weil die Ausgestaltung so unterschiedlich sein kann. Ebenso vielfältig sind die Ausbildungsmöglichkeiten, die für die jeweiligen Fähigkeiten notwendig sind. Es ist nicht davon auszugehen, dass sich dies konsolidieren wird, weil die Themenvielfalt eher noch zunimmt. Da Nachhaltigkeitsbetrachtungen in jedem Aspekt des Wirtschaftens notwendig sind (egal ob Personalwirtschaft, Produktion oder Entwicklung), ist eher davon auszugehen, dass sich dies noch mehr in die bestehenden Studiengänge integriert.

8. Nachhaltigkeitsstrategie und -managementsystem

In diesem Kapitel schauen wir uns die Entwicklung der Nachhaltigkeitsstrategie direkt an unserem Beispielunternehmen, der Spielz-Werke GmbH & Co. KG (Spielz-Werke), an. Anschließend betrachten wir den Aufbau des Nachhaltigkeits-(bzw. ESG/CSR)-Managementsystems, zu dem wir punktuell auch sehen, was das konkret für die Spielz-Werke bedeuten würde.

Die fiktiven Spielz-Werke produzieren und vertreiben Spiele und Spielzeuge aus verschiedenen Materialien. Sie haben ihren Hauptsitz in einer deutschen Kleinstadt und Tochtergesellschaften in Frankreich und Vietnam. Der Vertrieb erfolgt sowohl über die gängigen Spielwarenketten als auch über einen eigenen Onlineshop, und ein eigenes Netz von Ladengeschäften befindet sich im Aufbau. Zehn davon befinden sich in Deutschland und drei in Frankreich. Ein Netzwerk von ca. 500 Lieferanten weltweit stellt die notwendigen Rohstoffe, Bauteile, Dienstleistungen etc. zur Verfügung. Insgesamt gibt es 770 Mitarbeiter, davon 400 in Deutschland, 120 in Frankreich und 250 in Vietnam. Der Umsatz betrug im letzten Jahr 150 Mio. Euro und die Bilanzsumme 100 Mio. Euro.

Wie eingangs beschrieben, hat sich die Geschäftsführung der Spielz-Werke in der Vergangenheit schon ein wenig mit dem Themengebiet der Nachhaltigkeit beschäftigt. Es gibt einzelne Initiativen zur Mülltrennung und Emissionsreduzierung. Die Marketingabteilung hat eine kurze Informationsbroschüre zum Thema veröffentlicht. Es gibt aber immer mehr Anfragen von Kunden zum CO_2-Fußabdruck der Produkte, ebenso Anfragen der Investoren nach Kennzahlen. Demnächst steht eine Neufinanzierung an, und es wurde bekannt, dass günstigere Konditionen möglich sind, wenn der Bereich ESG gute Ergebnisse erzielt. Zudem steigt der regulatorische Rahmen stetig. Um diesem Ansturm Herr zu werden und ESG strategischer auszurichten, hat sich das Unternehmen dazu entschieden, die Position eines Nachhaltigkeitsbeauftragten in direkter Berichtslinie zum Geschäftsführer einzurichten, um die Relevanz des Themas deutlich zu machen. Anna Schulz ist die neue Nachhaltigkeitsbeauftragte der Spielz-Werke. Sie soll die Entwicklung einer Nachhaltigkeitsstrategie und den Aufbau eines Nachhaltigkeitsmanagementsystems unterstützen.

Nach einem kurzen allgemeinen Onboarding steht nun also die Entwicklung der Nachhaltigkeitsstrategie an. Hierfür stützt sich Frau Schulz auf ein klassisches Modell zur Strategieentwicklung;[55] d. h. nach einer Analysephase wird die Nachhaltigkeitsstrategie entwickelt, welche anschließend umge-

55 In Anlehnung an: *Jastram/Berberyan*, How to develop a corporate social responsibility strategy.

setzt und regelmäßig überprüft wird. Diese Schritte sind in der nachfolgenden Abbildung dargestellt.

Abbildung 9: Strategiekreislauf

Die ersten beiden Schritte umfassen die eigentliche Strategieentwicklung und sind Inhalt der folgenden zwei Unterkapitel. In den beiden darauffolgenden Unterkapiteln beschäftigen wir uns mit der Umsetzung und Überprüfung, um dies zu einem ganzheitlichen Nachhaltigkeitsmanagementsystem werden zu lassen. Dieses Kapitel schließt dann mit einer besonderen Betrachtungen von Zertifizierungen (→ Unterkapitel 8.6) und dem Fazit (→ Unterkapitel 8.7) ab.

Es sei darauf verwiesen, dass Rahmenwerke oder gesetzliche Vorgaben wie die Global Reporting Initiative (GRI) oder die Corporate Sustainability Reporting Directive (CRSD) gute Inspiration für diese Schritte liefern. Die Berichtspflichten zur Nachhaltigkeitsstrategie und deren Umsetzung bieten im Umkehrschluss hilfreiche Informationen zur Ausgestaltung.

8.1 Analysephase mit Wesentlichkeitsanalyse

Die Analysephase dient der Überprüfung, wo genau das Unternehmen aktuell steht. Es gibt verschiedene Methoden für diese Analyse. Für unser Beispiel wenden wir hier die interne Analyse, externe Analyse, Stakeholder- und Wesentlichkeitsanalyse sowie SWOT-Analyse an. Dabei gilt es stets, die Wechselwirkung des Unternehmens und seiner Umwelt in Bezug auf Menschen und Umwelt zu betrachten. Sprich, welche Auswirkungen hat das Unternehmen auf die Umwelt und welche Auswirkungen hat die Umwelt auf das Unternehmen in Bezug auf Menschen und Umwelt. Dies berücksichtigt stets die drei Elemente Environment, Social, Governance – ESG.

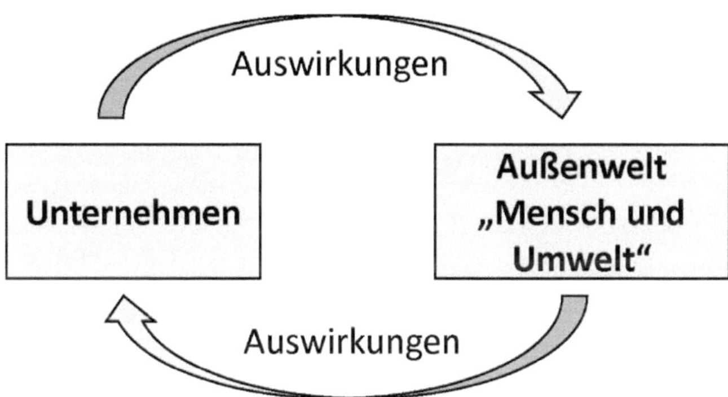

Abbildung 10: Auswirkungen Unternehmen – Außenwelt

Diese Analysen sind nicht überschneidungsfrei, zeigen jedoch jeweils unterschiedliche Perspektiven auf und haben daher jeweils ihre Daseinsberechtigung.

8.1.1 Interne Analyse

Die interne Analyse verfolgt zwei Ziele: Zum einen gilt es herauszufinden, was das Unternehmen bereits hinsichtlich Nachhaltigkeit unternimmt. Zum anderen gilt es, die Auswirkungen des Unternehmens hinsichtlich der Nachhaltigkeitsthemen in der gesamten Wertschöpfungskette zu identifizieren.

Um herauszufinden, was die Spielz-Werke bereits hinsichtlich Nachhaltigkeit in die Wege geleitet haben, durchstöbert Frau Schulz zunächst die Seiten des Intranet, die unternehmenseigene Webseite, Pressemitteilungen, den Jahresabschluss und spricht mit ein paar Kollegen. Leider gibt es weder im Intranet noch im Internet eine dedizierte Seite mit den Informationen, auch der Jahresabschluss ist wenig aufschlussreich. Zumindest scheint es bereits eine Berechnung der Scope-1- und -2-Treibhausgasemissionen zu geben. Das Unternehmen kommuniziert Produkt- und Produktionsanpassungen zur Reduktion dieser Emissionen und weiterer Auswirkungen auf die Umwelt, und die Seite der Personalabteilung beschreibt einige Initiativen für Mitarbeiter, insbesondere um die Diversität im Unternehmen zu steigern. Allzu strukturiert scheint das noch nicht.

Nun gilt es, die Wertschöpfungskette des Unternehmens zu verstehen. Als Ausgangsbasis verwendet sie die klassische Darstellung der Wertschöpfungskette nach *Michael E. Porter*.

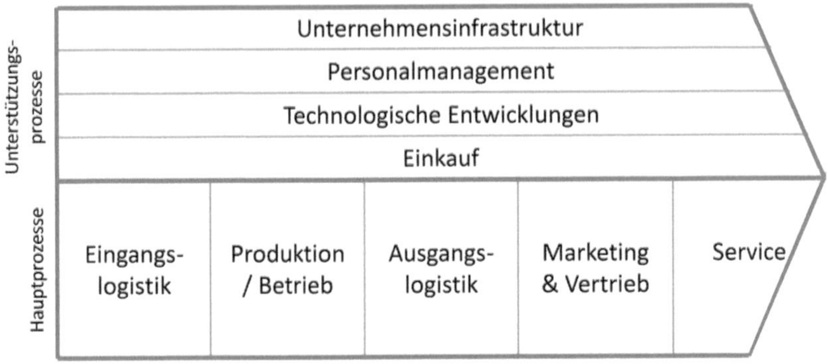

Unterstützungs-prozesse
Unternehmensinfrastruktur
Personalmanagement
Technologische Entwicklungen
Einkauf
Hauptprozesse
Eingangs-logistik
Produktion / Betrieb
Ausgangs-logistik
Marketing & Vertrieb
Service

Abbildung 11: Wertschöpfungskette in Anlehnung an *Michael E. Porter*[56]

Dieses Modell unterscheidet zunächst die Unternehmensprozesse in Haupt- und Unterstützungsprozesse. Die Hauptprozesse umfassen die Aspekte, welche die eigentliche Produkt- bzw. Serviceerstellung des Unternehmens umfassen. Hierzu gehören die Logistik in das Unternehmen hinein, die eigentliche Produktion bzw. der Betrieb, aber auch die Verteilung der Waren und Dienstleistungen, deren Marketing und Vertrieb sowie der anschließende Service. Die Unterstützungsprozesse stellen die Aspekte da, ohne die der eigentliche Betrieb nicht funktionieren kann. Dies umfasst alles von der Unternehmensinfrastruktur, über das Personalmanagement, das die Mitarbeiter zur Verfügung stellt, bis hin zum Einkauf und der Betrachtung technologischer Entwicklungen. Diese Betrachtung ist sehr umfassend, weil sie dem Unternehmen vor- und nachgelagerten Aspekte berücksichtigt.

Es gilt nun, die Funktionsweise des Unternehmens zu verstehen, um die positiven und negativen Auswirkungen an jeder Stelle der Wertschöpfungskette ermitteln zu können. Dies kann nicht allein geschehen: In unserem Beispiel spricht Frau Schulz mit den verschiedenen Bereichen im Unternehmen (z. B. Einkauf, Produktion, Marketing etc.) und notiert die folgenden Details zur Wertschöpfungskette der Spielz-Werke und die möglichen Auswirkungen hinsichtlich Mensch und Umwelt:

56 *Porter*, Competitive Advantage. Creating and sustaining, superior performance, S. 37.

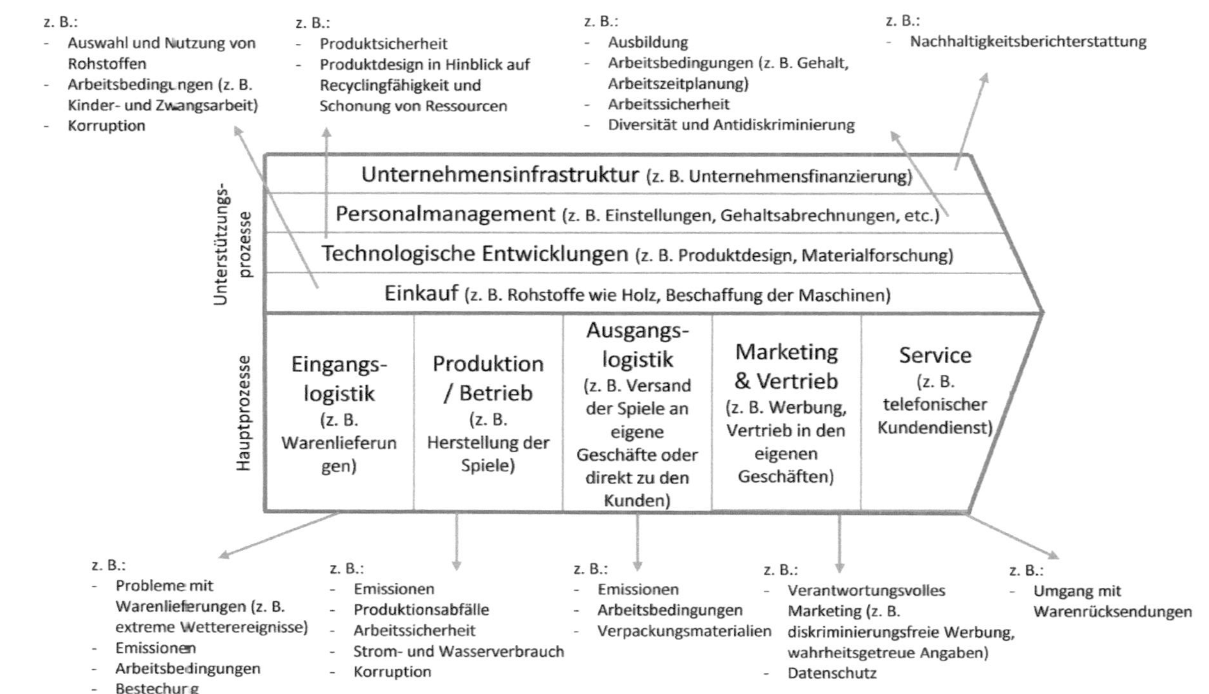

Abbildung 12: Wertschöpfungskette und ESG-Themen der Spielz-Werke[57]

57 U. a. inspiriert durch: *Porter/Kramer*, Strategy and Society: The Link Between Competitive Advantage and Corporate Social Responsibility.

8.1.1.1 Hauptprozesse

Eingangslogistik: Die Spielz-Werke erhalten Rohstoffe (z.B. Holz) und Zwischen-/Vorprodukte (z.B. Papier oder Monomere/Kunstharze für die Kunststoffteile) für ihre Spiele und Spielzeuge von Lieferanten aus Ländern in Europa, Asien und Südamerika. Die Lieferungen erfolgen möglichst zeitnah zum Zeitpunkt der Weiterverarbeitung, um große Lagerbestände zu vermeiden. Bisher liegt der Fokus vor allem auf der Qualität und den Kosten der Waren. Mögliche ESG-relevante Auswirkungen sind die Treibhausgasemissionen, die bei der Produktion der Rohstoffe bzw. Zwischen-/Vorprodukte entstehen, die Qualität, Wiederverwendbarkeit und Recyclingfähigkeit der Rohstoffe und Materialien, die möglicherweise schlechteren Arbeitsbedingungen in einigen eher risikobehafteten Ländern, Bestechung oder auch mögliche Lieferprobleme durch bspw. extreme Wetterereignisse.

Produktion/Betrieb: Die Spielz-Werke produzieren Spiele und Spielzeuge aus verschiedenen Materialien und für alle Altersklassen. Das können einfache Kunststoff- oder Holzspielzeuge für Kleinkinder sein oder auch anspruchsvolle Gesellschaftsspiele für Jugendliche und Erwachsene. Ein großer Teil der Produktion befindet sich in Vietnam, der Rest in Deutschland. Es gibt einen kleinen Standort in Frankreich, der eine Serie spezieller Kinderspielzeuge produziert. In der Produktion in Deutschland finden Initiativen zur besseren Mülltrennung statt. Ebenso haben die Spielz-Werke ermittelt, welche Scope-1- und -2-Treibhausgasemissionen sie verursachen, und angefangen, Initiativen zu starten, um diese zu reduzieren. Weitere ESG-relevante Auswirkungen können die Entstehung von Abfällen durch den Produktionsprozess sein, der Strom- und Wasserbrauch oder auch Themen wie Arbeitssicherheit im Umgang mit den Maschinen. In Vietnam kann es ein Thema rund um Korruption in der Ausführung der Geschäftstätigkeit geben.

Ausgangslogistik: Der Transport der Waren erfolgt von den Produktionsstätten zu den eigenen Lagern, den Lagern und Geschäften der Geschäftskunden, in die eigenen Geschäfte und bei Direktvertrieb auch direkt an die Endkunden. Hierfür steht eine eigene Fahrzeugflotte von LKW bis Kleintransporter zur Verfügung. Die Transporte aus Vietnam erfolgen über Luftfracht; Transporte an Endkunden erfolgen über die Logistikdienstleister. Themen aus Nachhaltigkeitsgesichtspunkten sind u.a. die entstehenden Treibhausgasemissionen, das Volumen und Material des Verpackungsmaterials und die Arbeitsbedingungen der Fahrzeugführer.

Marketing & Vertrieb: Der Vertrieb erfolgt sowohl über die gängigen Spielwarenketten als auch über einen eigenen Onlineshop. Ein eigenes Netz von Ladengeschäften befindet sich im Aufbau. Zehn davon befinden sich in Deutschland und drei in Frankreich. Die Marketingabteilung hat eine kurze

Informationsbroschüre zum Thema veröffentlicht. Weiteres wichtiges Thema hinsichtlich ESG wäre mehr Bewusstsein für verantwortungsvolles Marketing (z.B. diskriminierungsfreie Werbung, wahrheitsgetreue Angaben), aber auch der Datenschutz im Rahmen des Kundenbindungsprogramms.

Service: Die Spielz-Werke haben einen Kundenservice eingerichtet, der telefonische und schriftliche Anfragen aufnimmt und abklärt. Zudem gibt es einen Bereich, der sich um die Warenrücksendungen kümmert. Hier laufen immer häufiger Anfragen zu Nachhaltigkeitsinformationen ein. Diese können Fragen zur Herkunft der Rohstoffe, Fragen zum CO_2-Fußabdruck der Produkte und ähnliches betreffen. Themen aus Nachhaltigkeitsgesichtspunkten sind neben den Verpackungsabfällen und dem Umgang mit Warenrücksendungen auch die Bereitstellung relevanter Informationen (wie eben dem Produktfußabdruck).

8.1.1.2 Unterstützungsprozesse

Unternehmensinfrastruktur: Eigentümer der Spielz-Werke sind einerseits die Familie der Firmengründerin und andererseits ein Investmentfond. Des Weiteren finanzieren sie sich durch Kredite. Bei der letzten Finanzierungsrunde fragten die Banken ESG-Kennzahlen ab, und auf Nachfrage wurde klar, dass diese nun auch einen Einfluss auf die Zinshöhe haben. Thema aus Nachhaltigkeitsgesichtspunkten wäre hier definitiv die Nachhaltigkeitsberichterstattung.

Personalmanagement: Insgesamt gibt es 770 Mitarbeiter, davon 400 in Deutschland (davon 200 am Hauptsitz), 120 in Frankreich und 250 in Vietnam. Die Spielz-Werke bilden eigene Mitarbeiter aus, sowohl als Auszubildende als auch als dual Studierende. Während die Personalbeschaffung und Ausbildung in Vietnam kein Problem darstellt, ist dies in Deutschland und Frankreich schwieriger und die Anforderungen (möglicher) Mitarbeiter in punkto Arbeitszeitflexibilität, Gehalt und mobilem Arbeiten steigen. Mögliche Themen aus Nachhaltigkeitsgesichtspunkten können daher Arbeitsbedingungen, Ausbildung, Diversität und Inklusion, Datenschutz und Antidiskriminierung sein.

Technologische Entwicklungen: Es gibt eine spezielle Einheit am Standort in Deutschland, an dem die Spiele- und Spielzeugentwicklung stattfindet. Die Kollegen sind sehr offen und kreativ und stehen im engen Austausch mit Endkunden, um optimale Produkte zu entwickeln. Bisher stand der Spielspaß und die Produktsicherheit im Fokus, weniger die Recyclingfähigkeit, Herkunft der Materialien oder sonstige Fußabdrücke. Mögliche Themen aus Nachhaltigkeitsgesichtspunkten wären daher Produktsicherheit, Produktdesign im Hinblick auf die Recyclingfähigkeit und Schonung von Ressourcen (ggf. Biodiversität).

Einkauf: Der Einkauf kümmert sich um die ca. 500 Lieferanten, die natürlich auch wechseln. Bisher stehen Qualität und Kosten im Fokus. Es erfolgt keine Überprüfung der Lieferanten hinsichtlich sozialer oder Umweltbelange. Es gibt jedoch bereits ein Compliance-Management-System, welches das Thema Compliance und Korruption abdeckt. Daher wären mögliche Themen aus Nachhaltigkeitsgesichtspunkten die Auswahl und Nutzung von Rohstoffen, Arbeitsbedingungen bei den Lieferanten und Unterlieferanten (z. B. hinsichtlich Kinder- oder Zwangsarbeit) etc.

8.1.2 Externe Analyse

Nachdem sich Frau Schulz einen guten Überblick über die interne Situation verschafft hat, möchte sie auch sehen, was die relevanten Trends, Regulierungen, Marktentwicklungen etc. im Umfeld der Spielz-Werke sind. Dafür verwendet sie eine PESTEL-Analyse. Zweck der PESTEL-Analyse ist die Analyse des externen Umfeldes des Unternehmens. Dies unterstützt die Identifizierung von Risiken und Chancen. PESTEL steht für:[58]

- **Political** – politisches Umfeld: Umfasst externe, politische Faktoren, die das Unternehmen positiv oder negativ beeinflussen, ausgelöst durch die Regierung. Dies betrifft Gesetze, Richtlinien, Deregulierungstrends, politische Trends und Konflikte, Steuerregeln etc.
- **Economic** – wirtschaftliches Umfeld: Umfasst allgemeine Faktoren wie das allgemeine wirtschaftliche Klima, Arbeitslosenquoten, Globalisierung, Inflationsraten, Veränderungen im Kundenverhalten, Lieferkettenproblematiken etc.
- **Social** – soziales Umfeld: Umfasst die Meinungen und das Verhalten von Kunden in Bezug auf die Produkte und Dienstleistungen des Unternehmens ebenso wie demografische Veränderungen in den eigenen Märkten.
- **Technological** – technologisches Umfeld: Umfasst die möglichen Veränderungen für das Unternehmen aufgrund technologischer Entwicklungen wie der verstärkten Nutzung künstlicher Intelligenz.
- **Environmental** – Umweltumfeld: Umfasst Auswirkungen von Wetter, geografischer Lage, Klimawandel oder Gesundheitskrisen, die sowohl kurzfristige als auch langfristige Auswirkungen berücksichtigen. Dazu gehört bspw. auch, was für einen Mangel an Ressourcen es künftig geben könnte.
- **Legal** – rechtliches Umfeld: Umfasst (neue) Regeln und Gesetze, die das Unternehmen bzw. seine Kunden beeinflussen, wie z. B. Import- und Exportregeln, Arbeitssicherheitsregeln, Patentregeln.

58 In Anlehnung an: PESTLE Analysis Examples. In: onstrategyhq.com, 12.2.2024.

Basierend auf diesem Model erstellt Frau Schulz die folgende Analyse für die Spielz-Werke:

Element	Anwendung
Political	– Das Freihandelsabkommen zwischen der EU und Vietnam führt zum sukzessiven Abbau der Zölle zwischen der EU und Vietnam. – Steigende Regulierung, z. B. die angestrebte Energiewende in Deutschland erfordert Umstellungen (z. B. Heizungen).
Economic	– Inflation führt zu höheren Kosten (Materialien, Energie etc.) und weniger verfügbarem Einkommen. – Störungen der Lieferketten beeinflussen die Verfügbarkeit von Waren. – Währungsschwankungen zwischen Vietnam und Europa beeinflussen die Produktkosten und damit die Gewinnmarge. – Geringe Arbeitslosenquoten in Europa und steigende Gehaltslevel beeinflussen die Verfügbarkeit von (Nachwuchs-)Personal und erhöhen die Kosten.
Social	– Generell sind Spiele und Spielzeuge etwas, das Freude bereiten soll und nicht zu den lebensnotwendigen Produkten und Services gehört. – Im deutschen Kernmarkt sind mehrere Trends zu beobachten: • Demografische Veränderungen, die zu niedrigen Geburtsraten führen und somit den Markt verkleinern. • Trend zur Langlebigkeit der Produkte und Verwendung natürlicher Materialien – mehr Holz, weniger Plastik. • Es gibt einige große Wettbewerber, von denen einige bereits Produkte umgestalten, um den neuen Anforderungen an Materialien und Emissionsverbrauch gerecht zu werden. Ebenso ein paar Startups, die von vornherein ihre Produkte entsprechend entwerfen. • Steigende Nachfrage nach individualisierten Produkten. – Deutsche Spiele und Spielzeuge werden im europäischen Ausland populär. – Klassisches Marketing wird durch die Nutzung von sozialen Medien/Influencer ersetzt. – Kunden reicht die Verfügbarkeit von Waren in einem Ladengeschäft nicht, sie wollen sich auch online informieren und dort bestellen können. – Wenn Kunden etwas bestellen, fordern sie schnellstmögliche Lieferung.
Technological	– Neue Maschinen bzw. Technologie ermöglichen einfache Personalisierung von Produkten und ggf. Qualitätssteigerungen und Kostensenkungen durch Effizienzsteigerungen.

Element	Anwendung
Environ-mental	– Biodiversität und Kreislaufwirtschaft sind immer wichtigere Themen. – Die Verwendung von Kunststoff in der Herstellung der Produkte und als Kunststoffverpackungen hat einen negativen Umwelteinfluss. – Klimawandel kann durch den Anstieg von extremen Wetterereignissen Lieferzuverlässigkeit beeinflussen. – Die globalen Lieferketten sind nach wie vor ein großer Faktor für weltweite Emissionen.
Legal	– Das regulatorische Umfeld nimmt stark zu. Arbeitssicherheitsregelungen verschärfen sich, ebenso Vorgaben in Bezug auf ESG (z. B. Entwaldungsverordnung, CSRD), Datenschutz etc. – Import- und Exportregelungen haben Einfluss auf die Kosten und Prozesse. – Patente für Spiele sind wichtig.

Abbildung 13: PESTEL für die Spielz-Werke (einige Beispiele)

Im Rahmen der allgemeineren PESTEL-Analyse sollten sich Unternehmen auch einmal speziell ansehen, was die Wettbewerber machen. Welche Themen beschäftigen sie in punkto Nachhaltigkeit/ESG? Gibt es Veränderungen der Produkt-/Dienstleistungspaletten etc. Sprich, alles was ein Unternehmen im Rahmen eines klassischen Strategieprozesses auch machen würde, aber mit speziellem Fokus auf Nachhaltigkeitsthemen.

Für unser Beispielunternehmen, die Spielz-Werke, zeigt ein Blick in die Nachhaltigkeitsberichte und auf die Webseiten von drei Wettbewerbern im Spiele- und Spielwarenbereich folgende Themen:

- **Environment**: Nachhaltige und langlebige Materialien, Wiederverwendbarkeit und Recyclingfähigkeit der Materialien, nachhaltige Verpackungen, Abfallreduzierung, Emissionsreduzierung, hohe Produktqualität.
- **Social**: Diversität und Inklusion, verantwortungsvoller Umgang mit Kindern, familienfreundlicher Arbeitsplatz, Produktsicherheit, verantwortungsvolle Lieferketten.
- **Governance**: Schaffung von „vererbbaren“ Unternehmen – klarer Fokus auf die Verantwortung für künftige Generationen, Datenschutz.

Dies sind im Großen und Ganzen auch die Themen, die wir bereits in unserer Analyse der Wertschöpfungskette identifiziert haben.

8.1.3 Stakeholderanalyse

Ein wichtiger Aspekt der Wesentlichkeitsanalyse ist es, die Anforderungen der diversen Stakeholder bzw. Anspruchsgruppen zu berücksichtigen. Während bisher eher die Forderungen der Shareholder im Vordergrund standen, sind es nunmehr auch andere für das Unternehmen relevante Stakeholder (siehe auch die Erläuterung im → Unterkapitel 2.2). Frau Schulz diskutiert mögliche Stakeholder mit verschiedenen Kollegen und identifiziert die folgenden Gruppen:

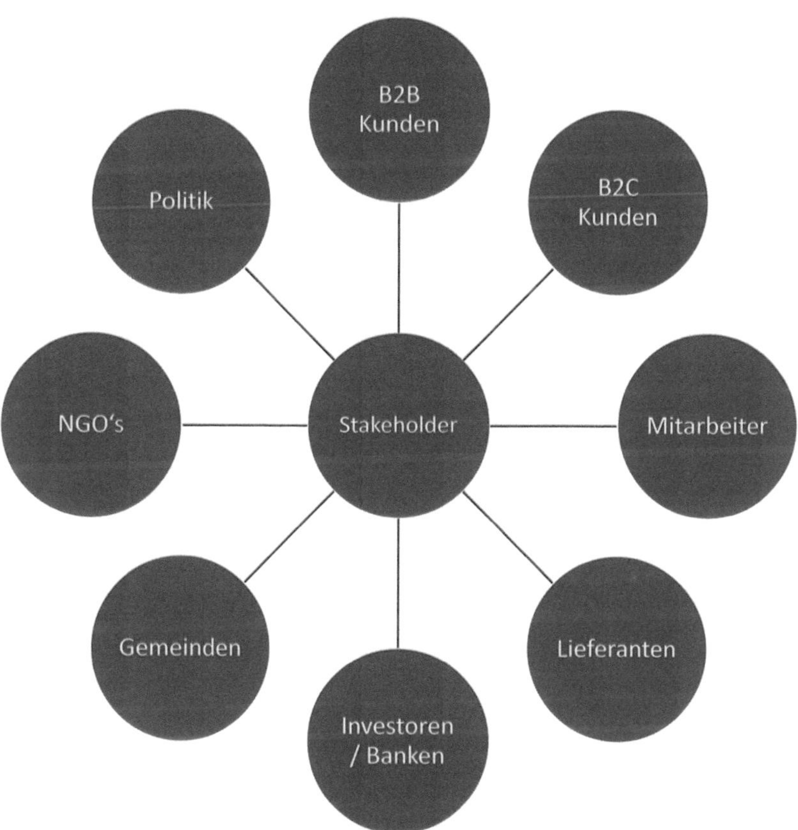

Abbildung 14: Die Stakeholder der Spielz-Werke GmbH & Co. KG

Kunden:

- Geschäfts-(Business-to-Business/B2B)Kunden stellen immer höhere Anforderungen in punkto Nachhaltigkeitsinformationen und -verbesserungen (z. B. Produktfußabdruck). Dies auch getrieben durch deren eigene Kunden. Es gibt eine steigende Nachfrage nach Nachhaltigkeitszertifikaten.

– Privat-(Business-to-Customer/B2C)Kunden fangen an, Fragen zur Umwelt- und Sozialverträglichkeit der Produkte zu stellen; dies beeinflusst teilweise auch schon die Kaufentscheidung. Spielzeug kann durch mögliche Schadstoffe ein sensibles Produkt sein. Es gibt eine steigende Nachfrage nach Nachhaltigkeitszertifikaten.

Mitarbeiter: Mit 770 Mitarbeitenden auf zwei Kontinenten ist dies eine wichtige Anspruchsgruppe. Da die Spielz-Werke ihre Produktionsstätten in Kleinstädten haben, stellen sie in den jeweiligen Regionen einen wichtigen Arbeitgeber dar. Gerade in Europa gibt es jedoch Nachwuchsprobleme und wandelnde Ansprüche an den Arbeitgeber (z. B. Homeoffice, flexible Arbeitszeitregelungen etc.).

Lieferanten: Das Unternehmen pflegt Beziehungen zu ca. 500 Lieferanten weltweit. Sowohl die bezogenen Rohstoffe als auch Produktions- und Lieferbedingungen sind möglicherweise relevant, ebenso die Arbeitsbedingungen der Mitarbeiter.

Familie der Firmengründerin: Ein Teil des Unternehmens gehört der Familie der Firmengründerin, für die es wichtig ist, dass das Unternehmen auch für die künftigen Generationen der Familie da ist.

Investoren: Die GmbH ist nicht direkt familiengeführt und ein nicht unbeträchtlicher Teil gehört einem Investor. Für diesen ist es, neben wirtschaftlichen Kriterien, sehr wichtig, eine robuste Nachhaltigkeitsstrategie vorzuweisen und diese stringent umzusetzen. Er unterliegt diversen Regularien und fordert eine regelmäßige Kommunikation von Kennzahlen.

Banken: Die Spielz-Werke sind auf Kredite von Banken angewiesen, um wichtige Investitionen tätigen zu können. Auch Banken legen immer größeren Wert auf ein nachhaltiges Portfolio. Manche Banken vergeben mittlerweile günstigere Kredite, wenn das Unternehmen ein robustes Nachhaltigkeitsmanagement nachweisen kann.

Gemeinden: Durch die Relevanz als großer Arbeitgeber besteht eine Verantwortung für den Erhalt der Arbeitsplätze und sowie das Wohlbefinden der Arbeitnehmer und des Umfeldes.

NGO's (z. B. Verbraucherverbände, Naturschutzverbände): Spielzeuge und Spielwaren sind durch die Nutzergruppe ein sehr sensibles Thema und der Schutz der Kinder ist wichtig. Durch die Art der Produktion haben die Spielz-Werke Einfluss auf ihre direkte Umwelt (z. B. durch Emissionen, Abfall etc.). Sie arbeiten daher mit lokalen NGO's, um diese Fußabdrücke zu verringern.

Politik: Die Politik (lokal, national und auf europäische Ebene) erlässt Regulierungen, die direkt und indirekt das Unternehmen betreffen und nicht unberücksichtigt bleiben dürfen. Zudem sind Unternehmen für die (Gewerbe-)Steuereinnahmen relevant. Bei einigen Themen steht das Unternehmen auch direkt in Kontakt mit Lokalpolitikern.

8.1.4 Wesentlichkeitsanalyse

Nachdem Frau Schulz nun ermittelt hat, wo das Unternehmen in punkto Nachhaltigkeit steht, wie das externe Umfeld aussieht, wer die Stakeholder sind und was denen wichtig ist, kann sie nun strukturiert ermitteln, welche Themen aus dem riesigen Themenstrauß „Nachhaltigkeit" für das Unternehmen relevant sind – für die Entwicklung der Nachhaltigkeitsstrategie, aber auch für die Ermittlung der wesentlichen Themen für die Nachhaltigkeitsberichterstattung. Sind es nur die Emissionen, der Müll und die Diversität oder auch andere? Ebenso wichtig: Wie priorisiere ich diese am besten?

Dies erfolgt über eine Wesentlichkeitsanalyse. Ziel der Wesentlichkeitsanalyse ist es, die Themen zu identifizieren, die am wichtigsten für ein Unternehmen sind. Dies wird nicht nur aus Sicht des Unternehmens ermittelt, sondern berücksichtigt auch die Ansichten der Stakeholder. Die Themen umfassen entweder Auswirkungen des Unternehmens auf Menschen bzw. die Gesellschaft und die Umwelt oder die Auswirkungen der Gesellschaft und Umwelt auf das Unternehmen (siehe auch die Darstellung in Abbildung 10).

Es wird wenig verwundern, dass die Themen in punkto Nachhaltigkeit von Unternehmen zu Unternehmen, von Sektor zu Sektor, von geografischer Region zu geografischer Region etc. unterschiedlich sind. Durch die Einbeziehung der Stakeholder und die natürliche Entwicklung von Trends variieren die Themen jedoch auch möglicherweise, je nach dem, was gerade von den Stakeholdern als relevantes Thema empfunden wird. Aktuell wird in punkto Umweltthemen das Thema Biodiversität immer wichtiger, während vorher der Fokus hauptsächlich auf den Treibhausgasemissionen und der Müllvermeidung bzw. -trennung lag. Ebenso steigt der Fokus auf Diversität und Menschenrechte. Aber auch andere Entwicklungen wie Krieg, Wirtschaftskrisen oder Pandemien beeinflussen die Relevanz von Nachhaltigkeitsthemen. Dieses dynamische Konzept für Nachhaltigkeit (bzw. CSR bzw. ESG), „welches einen gesellschaftlichen Diskurs um die moralische Verantwortung von Unternehmen für die ökologischen und sozialen Konsequenzen ihrer Aktivitäten reflektiert",[59] erfordert daher von Unternehmen, die Wesentlichkeitsanalyse immer mal wieder vollumfänglich durchzuführen, um diese Aspekte neben anderen (z. B. Veränderungen in der Unternehmensstruktur, Produktpalette etc.) zu berücksichtigen.

59 *Bassen* u. a., Corporate Social Responsibility: eine Begriffserläuterung, S. 235.

Für die Wesentlichkeitsanalyse gibt es unterschiedliche Ansätze. Ein möglicher Ansatz ist die Wesentlichkeitsanalyse, wie sie auch durch die **Global Reporting Initiative (GRI)**[60] beschrieben wird.[61] Bei diesem Ansatz geht es darum, die Auswirkungen (Impacts) des Unternehmens bzw. auf das Unternehmen zu identifizieren und zu bewerten. Der Prozess dazu wird ausführlich in „GRI 3: Material topics 2021" beschrieben und untergliedert sich grundsätzlich in die folgenden vier Schritte:

1. Verständnis über das Unternehmen und seinen Kontext erlangen.

   In diesem Schritt soll das Unternehmen mit seinen Aktivitäten und Geschäftsbeziehungen beschrieben werden, ebenso wie das Nachhaltigkeitsumfeld (z. B. welche gesetzlichen Vorgaben sind relevant, welche Nachhaltigkeitsthemen sind für den Sektor oder die geografische Region wichtig, in denen das Unternehmen tätig ist). Darüber hinaus sind die Stakeholder zu identifizieren. Dies beschreibt ziemlich gut, was wir bereits in unserer internen und externen sowie der Stakeholder-Analyse (→ Unterkapitel 8.1.1, 8.1.2 und 8.1.3) gesehen haben.

2. Tatsächliche und mögliche Auswirkungen identifizieren.

   In Bezug auf die Geschäftstätigkeiten und Geschäftsbeziehungen sollen Unternehmen dann ihre Auswirkungen hinsichtlich ökologischer, sozialer (inkl. Menschenrechte) und ökonomischer Aspekte bestimmen. Eine gute Hilfestellung gibt der Hinweis, dass es nicht nur um Auswirkungen geht, die das Unternehmen verursacht, sondern auch jene, zu welchen es beiträgt oder zu welchen es in Verbindung steht („Cause", „Contribute to", „Directly linked to"). Ebenso hebt die GRI hervor, dass sowohl aktuelle als auch mögliche („actual/potential"), negative wie positive, kurz- und langfristige, beabsichtigte wie unbeabsichtigte und reversible wie nicht-reversible Auswirkungen zu berücksichtigen sind.

3. Die Relevanz der identifizierten Auswirkungen bewerten.

   Die Bewertung der Relevanz erfolgt nach leicht abweichenden Kriterien für negative und positive Auswirkungen.

   – Bei tatsächlichen negativen Auswirkungen ist der Grad der Schwere zu bestimmen („Severity"), bei möglichen negativen Auswirkungen zusätzlich die Eintrittswahrscheinlichkeit. Der Schweregrad ist eine Kombination aus Ausmaß („Scale"), Umfang („Scope") und Unveränderlichkeit („Irremediable character"). Eine spezielle Beachtung findet die Bewertung von Auswirkungen auf Menschenrechte, für die beispielsweise der Schweregrad wichtiger ist als die Eintrittswahrscheinlichkeit.

60 Für mehr Informationen siehe auch → Kapitel 10.3.2.
61 GRI 3: Material topics 2021.

   – Bei tatsächlichen positiven Auswirkungen sind das positive Ausmaß („Scale“) und der Umfang („Scope“) zu bestimmen, bei möglichen positiven Auswirkungen zusätzlich die Eintrittswahrscheinlichkeit.
4. Die wichtigsten Auswirkungen für die Nachhaltigkeitsberichterstattung auswählen.

Basierend auf der Bewertung unter Schritt 3 ist dann eine Relevanzschwelle zu definieren, um die wesentlichen Themen abzugrenzen.

Es ist wichtig anzumerken, dass die Schritte 2 und 3 unter Beteiligung der identifizierten Stakeholder erfolgen sollten und auch eine Überprüfung stattfinden sollte, ob die in Schritt 4 ausgewählten Themen für Experten und Nutzer der Nachhaltigkeitsinformationen tatsächlich relevant sind.

Diese Wesentlichkeitsanalyse nach der GRI soll helfen, die wesentlichen Themen zur Nachhaltigkeitsberichterstattung im Rahmen der Lageberichterstattung zu bestimmen, aber sie ist auch die perfekte Basis zur Bestimmung und Priorisierung der Themen für die Nachhaltigkeitsstrategie.

Schauen wir uns schon einmal an, welche Auswirkungen in der bisherigen Analyse für die Spielz-Werke festgehalten worden sind, und das sind doch sehr viel mehr Themen als bisher gedacht (Auszug und konsolidierte Liste hier lediglich aus der internen Analyse und Stakeholder-Analyse):

Tabelle 7: Erste Liste der Auswirkungen auf Menschen und Umwelt für die Spielz-Werke (Auszug)

Themenfeld	**Auswirkungen** (Hervorhebung der bereits bekannten Themen)
Environment	– **Treibhausgasemissionen von Scope 1 und 2** und von Scope 3 (Produktion der Rohstoffe bzw. Zwischen-/Vorprodukte entstehen, aus der nachgelagerten Logistikkette etc.) sowie CO_2-Fußabdruck der Produkte. – **Produkt- und Produktionsanpassungen** – Lieferprobleme durch bspw. extreme Wetterereignisse – Herkunft, Auswahl und Nutzung von Rohstoffen und Materialien – Produktdesign im Hinblick auf die Recyclingfähigkeit, Wiederverwendbarkeit und Schonung von Ressourcen (ggf. Biodiversität) – Strom- und Wasserverbrauch – Volumen und Material des Verpackungsmaterials – Verpackungsabfälle & **Abfälle durch den Produktionsprozess** und Umgang mit zurückgesendeter Ware – Schadstoffe

Themenfeld	**Auswirkungen** (Hervorhebung der bereits bekannten Themen)
Social	– Eigene Mitarbeiter: • Personalbeschaffung und Ausbildung für europäische Standorte • Arbeitsbedingungen (z. B. Arbeitszeitflexibilität, Gehalt und mobiles Arbeiten) • Ausbildung, **Diversität** und Inklusion sowie Antidiskriminierung • Arbeitssicherheit im Umgang mit den Maschinen • In den jeweiligen Regionen ein wichtiger Arbeitgeber – Arbeitsbedingungen bei den Lieferanten und Unterlieferanten (z. B. hinsichtlich Kinder- oder Zwangsarbeit) etc. – Kunden: • Schutz der Kinder • **Produktsicherheit** • Verantwortungsvolles Marketing (z. B. diskriminierungsfreie Werbung, wahrheitsgetreue Angaben)
Governance	– Regelmäßige Kommunikation von Kennzahlen und Nachhaltigkeitsinformationen – Korruption & Bestechung – Datenschutz

Es ist sinnvoll, diese Liste durch Workshops mit ausgewählten Unternehmensvertretern und Stakeholdern (oder deren Vertretern) zu erweitern und zu ergänzen. Ein weiterer Aspekt, der nicht unberücksichtigt bleiben darf, ist die Betrachtung einzelner Gesellschaften innerhalb einer Unternehmensgruppe. Es ist durchaus möglich, dass wichtige Auswirkungen nur in einer Tochtergesellschaft bestehen, jedoch trotzdem auf Ebene der Unternehmensgruppe zu berücksichtigen sind.

In Schritt 3 unter der GRI erfolgt die Bewertung dieser Auswirkungen. Für unser Beispiel stellen wir uns vor, dass Frau Schulz, vielleicht sogar gemeinsam mit dem Risikomanager, Skalen für die Bewertung definiert hat. Die Themen der Liste wurden dann unter Beteiligung der jeweiligen Fachbereiche oder im Rahmen von Workshops und unter Berücksichtigung der Stakeholder bewertet. Abschließend ist es möglich die Relevanz der Themen in einer Matrix darzustellen (siehe beispielsweise Abbildung 15). Die Einsortierung der Auswirkungen als positiv oder negativ ist oft nicht so einfach. Beispielsweise beim Thema Sicherheit und Gesundheit am Arbeitsplatz. Hier sind negative Auswirkungen möglich, wenn Unfälle passieren, jedoch ist auch eine Betrachtung als positive Auswirkungen möglich, wenn das Unternehmen Maßnahmen über gesetzliche Anforderungen hinaus umsetzt, um die Gesundheit der Mitarbeiter positiv zu beeinflussen.

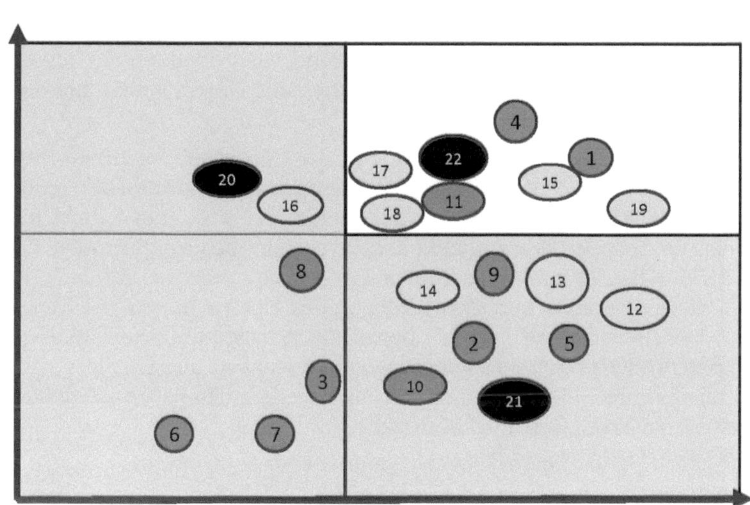

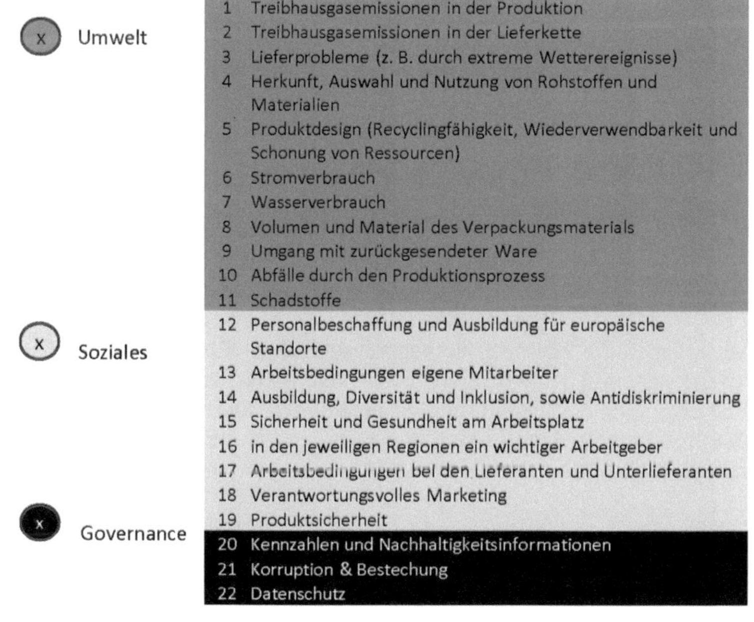

Abbildung 15: Wesentlichkeitsmatrix der Spielz-Werke (Auswirkungen)

Die wesentlichen (berichtspflichtigen) Themen wären dann unter der GRI diejenigen, die im oberen, rechten Quadrat, also oberhalb der jeweiligen Wesentlichkeitsschwelle, als relevant durch das Unternehmen und die Stakeholder definiert wären.

Da das Unternehmen bald die Vorgaben der **Corporate Sustainability Reporting Directive (CSRD)** und der **European Sustainability Reporting Standards (ESRS)** einhalten muss, entscheidet sich Frau Schulz jedoch, direkt die doppelte Wesentlichkeitsanalyse nach den Vorgaben der CSRD/ESRS durchzuführen. Wesentlicher Unterschied zum Ansatz der GRI ist, dass diese einerseits die Auswirkungen des Unternehmens auf Menschen bzw. Gesellschaft und Umwelt betrachtet („Inside-out"-Perspektive bzw. „Impact Materiality") und andererseits die Risiken und Chancen, die Gesellschafts- und Umweltthemen auf das Unternehmen haben („Outside-in"-Perspektive bzw. „Financial Materiality").

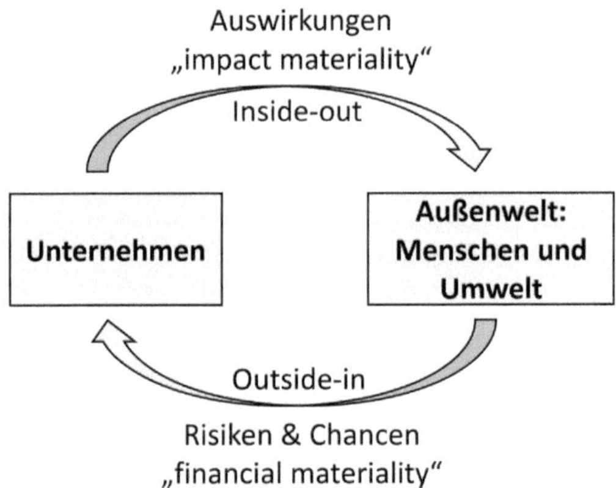

Abbildung 16: Doppelte Wesentlichkeit nach CSRD

Auch hier ist die Wesentlichkeitsanalyse nach der CSRD bzw. den ESRS da, um die wesentlichen Themen zur Nachhaltigkeitsberichterstattung im Rahmen der Lageberichterstattung zu bestimmen, aber natürlich ist dies quasi identisch mit der Bestimmung und Priorisierung der Themen für die Nachhaltigkeitsstrategie.

Von der „Long List" zur „Short List"

Ein einfacher Ansatz, die Wesentlichkeitsanalyse nach der CSRD durchzuführen, ist es, zunächst die Themen, Unterthemen und Unter-Unterthemen aus dem Anhang A der ESRS 1 zu nehmen und sie um die unternehmensspezifischen Themen zu ergänzen. Diese „Long List“ wird dann zur „Medium List“ verkürzt, um dann die Detailanalyse für die „Short List“ durchführen zu können, die das Unternehmen dann wiederum durch die Stakeholder bestätigen lassen kann, die aber auch bereits vorher hinzugezogen werden können. Am Ende verfügt das Unternehmen über die wesentlichen Auswirkungen, Risiken und Chancen in Hinblick auf diese Themen – auch IROs genannt, für Impacts, Risks und Opportunities.

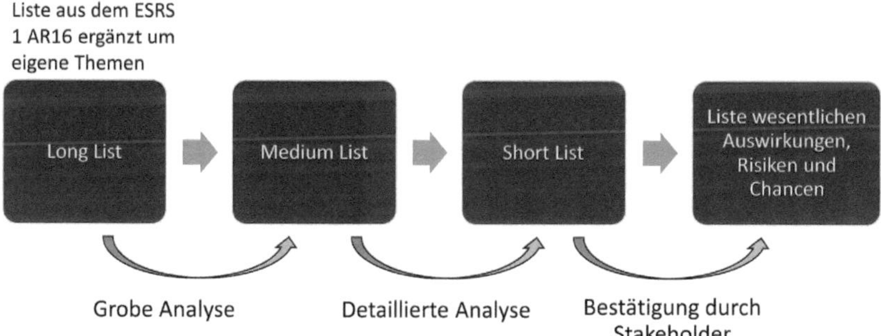

Abbildung 17: Stufen der Wesentlichkeitsanalyse

Aber schauen wir uns das detaillierter an. Zunächst einmal stellt Frau Schulz eine Liste mit allen möglichen relevanten Themen für das Unternehmen zusammen. Dafür verwendet sie zum einen die Liste möglicher wesentlicher Themen aus der Anlage A des ESRS 1.

Themenbezogener ESRS	In themenbezogenen ESRS behandelte Nachhaltigkeitsaspekte		
	Thema	Unterthema	Unter-Unterthemen
ESRS E1	Klimawandel	– Anpassung an den Klimawandel – Klimaschutz – Energie	
ESRS E2	Umweltverschmutzung	– Luftverschmutzung – Wasserverschmutzung – Bodenverschmutzung – Verschmutzung von lebenden Organismen und Nahrungsressourcen – Besorgniserregende Stoffe – Besonders besorgniserregende Stoffe – Mikroplastik	
ESRS E3	Wasser- und Meeresressourcen	– Wasser – Meeresressourcen	– Wasserverbrauch – Wasserentnahme Ableitung von Wasser – Ableitung von Wasser in die Ozeane – Gewinnung und Nutzung von Meeresressourcen
ESRS E4	Biologische Vielfalt und Ökosysteme	– Direkte Ursachen des Biodiversitätsverlusts	– Klimawandel – Landnutzungsänderungen, Süßwasser- und Meeresnutzungsänderungen – Direkte Ausbeutung – Invasive gebietsfremde Arten – Umweltverschmutzung – Sonstige
		– Auswirkungen auf den Zustand der Arten	Beispiele: – Populationsgröße von Arten – Globales Ausrottungsrisiko von Arten
		– Auswirkungen auf den Umfang und den Zustand von Ökosystemen	Beispiele: – Landdegradation – Wüstenbildung – Bodenversiegelung
		– Auswirkungen und Abhängigkeiten von Ökosystemdienstleistungen	

Abbildung 18: Ausschnitt ESRS 1 Anlage A

Um diese Liste zur sogenannten „Long List“ zu ergänzen, überlegt sie, welche anderen Themen und daraus abgeleiteten Auswirkungen, Risiken und Chancen für das Unternehmen relevant sein könnten. Dafür verwendet sie die bereits vorhandenen Themen (siehe → Tabelle 6) aus der Voranalyse noch die folgenden Informationsquellen:

Risikomanagement: Herr Meier aus dem Controlling ist verantwortlich für das Risikomanagement des Unternehmens und kann Frau Schulz das Risikoregister des Unternehmens zur Verfügung stellen. Es gibt etliche Risiken, die aus ESG-Perspektive relevant sind. Zudem folgt das Risikomanagement einem klassischen Risikomanagementansatz. Das bedeutet, es erfolgt bereits eine unternehmensweite Identifizierung, Beschreibung und Bewertung von Risiken. Die Bewertung erfolgt nach potenzieller Schadenshöhe und Eintrittswahrscheinlichkeit. Diese bereits bestehenden klaren Definitionen kann Frau Schulz wahrscheinlich für die Detailanalyse einfließen lassen.

Das Risikoregister der Spielz-Werke enthält beispielsweise Risiken zu folgenden Themen, die für die Wesentlichkeitsanalyse relevant sein könnten:

1. Lieferprobleme und Qualitätsprobleme in der Lieferkette aus Asien, …
2. Probleme in der Mitarbeitergewinnung und dem Halten Mitarbeiter,
3. Wettbewerbsfähigkeit,
4. Reputationsrisiko bei Falschaussagen oder Problemen mit den Produkten,
5. …

In diesem Risikoregister befinden sich ggf. auch Risiken aus der Analyse rechtlicher Anforderungen wie der Entwaldungsverordnung etc. Viele der Themen stehen bereits auf der Liste von Frau Schulz, aber der eine oder andere Aspekt ist zu ergänzen.

SASB Materiality finder: Das Sustainability Accounting Standards Board (SASB) hat eine Aufstellung möglicher wesentlicher Themen per Sektor veröffentlicht.[62] Der Sektor „Toys & Sporting Goods industry“ führt zwei Themen auf, die Frau Schulz mit in die Analyse einbezieht:

– Product Quality & Safety,
– Supply Chain Management.

Sie wirft auch nochmal einen Blick auf den Sektor „E-Commerce“, weil die Spielz-Werke einen Onlineshop anbieten:

– Energy Management,
– Customer Privacy,
– Data Security,
– Employee Engagement, Diversity & Inclusion,

62 SASB, Overview – SASB. In: sasb.org, 16.2.2024.

– Product Design & Lifecycle Management.

Zuletzt schaut sie auch noch den Sektor „Multiline and Specialty Retailers & Distributors" aufgrund der eigenen Ladengeschäfte an:
– Energy Management,
– Data Security,
– Labour Practices,
– Employee Engagement, Diversity & Inclusion,
– Product Design & Lifecycle Management.

Es ist ersichtlich, dass die Vorarbeit schon nicht so falsch gewesen sein kann, da Themen wie Produktsicherheit und Lieferkettenmanagement, Energiemanagement, Diversität, Produktdesign, Lifecycle Management und Datenschutz bereits auf der Themenliste standen. Datensicherheit und Mitarbeiterengagement können noch ergänzt werden.

Eine ähnliche Aufstellung stellt auch die ESG Industry Materiality Map von MSCI zur Verfügung.[63]

Von der „Long List" zur „Medium List": Frau Schulz strukturiert diese ganzen Themen (Auswirkungen wie Risiken und Chancen, IROs) zusammen für die große „Long List". Sie organisiert und moderiert dann Workshops mit den Führungskräften und Fachbereichen, um die Liste zu ergänzen und eine erste Einschätzung zur Relevanz der IROs für das Unternehmen zu erhalten. Hierzu ist auch eine (erste) Beschreibung folgender Elemente wichtig:
– Betrifft das IRO nur den eigenen Betrieb oder auch die direkte oder indirekte Lieferkette?
– Falls es sich um eine Unternehmensgruppe handelt, welche Gesellschaften sind betroffen?
– Zeitrahmen: Wann wird das IRO relevant (kurz-, mittel- oder langfristig)?
– Sind es tatsächliche oder mögliche IROs?

Im Rahmen der Workshops wurden die IROs zunächst allgemein besprochen und beschrieben. Danach bat Frau Schulz jede Gruppe, eine erste grobe Einschätzung zum Grad der Auswirkung und den möglichen finanziellen Konsequenzen zu liefern – etwas, das sie selbst auch schon einmal durchgeführt hatte. Sie berechnet dann die (ggf. gewichteten) Durchschnittswerte und erhält so eine Liste mit (grob) priorisierten Themen. Die begleitenden Diskussionen waren sehr lebhaft und manchmal etwas konfrontativ, schließlich ist es manchmal gar nicht so einfach, zu diesen Themen eine Einschätzung zu teilen. Letztlich einigen sich die Teilnehmer auf eine schon sehr viel kürzere „Medium List", basierend auf der priorisierten Themenliste.

---

63 MSCI, ESG Industry Materiality Map, https://www.msci.com/our-solutions/esg-investing/esg-industry-materiality-map, zuletzt abgerufen am 19.6.2024.

Detailanalyse – der Weg zur „Short List": Nun kann Frau Schulz die Detailanalyse mit den jeweiligen Verantwortlichen der Fachbereiche durchführen. Sprich, in dieser Stufe betrachten sie gemeinsam die Details der Auswirkungen, Risiken und Chancen und bewerten diese nach definierten Kriterien – die stark an die Beschreibungen aus der GRI angelehnt sind.

- **Auswirkungen**:[64]
  - Negative Auswirkungen: Hier gilt es, zunächst den Grad der Schwere zu bestimmen („Severity"). Dieser setzt sich aus einer Kombination aus Ausmaß („Scale"), Umfang („Scope") und Unabänderlichkeit („Irremediability") zusammen. Für mögliche negative Auswirkungen ist zusätzlich die Eintrittswahrscheinlichkeit wichtig.
  - Positive Auswirkungen: Bei tatsächlichen positiven Auswirkungen sind das positive Ausmaß („Scale") und der Umfang („Scope") zu bestimmen, bei möglichen positiven Auswirkungen zusätzlich die Eintrittswahrscheinlichkeit.
- **Risiken und Chancen**:[65] Hier gilt es, sowohl die potenzielle Höhe des Schadens bzw. der Chance zu ermitteln als auch die Eintrittswahrscheinlichkeit. Bei der Bestimmung der Skalen für die finanzielle Wesentlichkeit kann sich das Unternehmen an den Schwellen der finanziellen Wesentlichkeit für die Jahresberichterstattung orientieren. Hier wäre es auch besonders hilfreich, bestehende Skalen aus dem Risikomanagement zu verwenden oder diese anzupassen, um eine einheitliche Betrachtung von Risiken innerhalb des Unternehmens zu gewährleisten.

Im Ergebnis erhält sie eine Liste der Auswirkungen des Unternehmens sowie der Risiken und Chancen für das Unternehmen in Hinblick auf soziale und Umweltthemen. Im Detail heißt dies eine Beschreibung der Auswirkungen, Risiken und Chancen auch dahingehend, ob sie den eigenen Betrieb oder die (indirekte) Wertschöpfungskette betreffen. Falls Auswirkungen, Risiken oder Chancen sich auf bestimmte Gesellschaften beschränken, auch eine Information dazu.

Nehmen wir den Themenkomplex ESRS E5 Kreislaufwirtschaft. Hier gibt es das Unterthema „Abfälle". In den Voranalysen kam dieses Thema mehrfach auf. Es wurde in der groben Erstanalyse auch als wichtig erachtet und sowohl Auswirkungen wie auch Risiken und Chancen wurden identifiziert. Diese kommen in die Detailanalyse. Nachfolgend eine grobe Idee, wie das Ergebnis aussehen könnte. In dieser Darstellung fehlen die Spalten zur (möglichen) positiven Auswirkung. Die Skalen sind definiert von 1 (gering) bis 5 (sehr hoch).

---

64 Siehe auch Europäische Kommission, ESRS 1, 3.4.
65 Siehe auch Europäische Kommission, ESRS 1, 3.5.

	Beschreibung der Auswirkungen, Risiken und Chancen	Negative Auswirkung						Risikobewertung			Chancenbewertung		
		Art	Schweregrad				Eintrittswahr-scheinlichkeit	Schadenhöhe	Eintrittswahr-scheinlichkeit	Gesamt-risiko	Chancenhöhe	Eintrittswahr-scheinlichkeit	Bewertung der chance
			Ausmaß	Umfang	Unabänder-lichkeit	Insgesamt							
1	Produktionsabfälle enthalten Sondermüll und werden schlecht getrennt. Dies führt zu höheren Kosten und möglichen negativen Belastungen für die Umwelt.	Tatsächlich	2	4	3	3,0	-	Gering	Unwahrscheinlich	gering			
2	Umgang mit zurückgesendeter Ware: Auswirkungen auf die Umwelt	Tatsächlich	4	4	1	3,0	-						
3	Umgang mit zurückgesendeter Ware: Risiko steigender regulatorischer Anforderungen							Gering	Möglich	mittel			
4	Umgang mit zurückgesendeter Ware: Chance für positive Reputation und Umsatzsteigerung										Moderat	Sehr wahrscheinlich	Hoch
5	Verwendung von Verpackungsmaterialien für die Spiele und Spielzeuge und deren Versand.	Tatsächlich	4	3	1	2,7	-						
6	Forderungen nach Reduzierung von Verpackungsmaterialien und Verwendung nachhaltiger Verpackungsmaterialien führen zu positiver Außenwahrnehmung und Reduzierung der negativen Auswirkungen durch Verringerung des notwendigen Materials.	Tatsächlich	1	2	1	1,3	-				Bedeutend	Sehr wahrscheinlich	Sehr hoch

Abbildung 19: Beispiel IRO Spielz-Werke für ESRS 5 Kreislaufwirtschaft, Unterthema Abfälle

Im ersten Beispiel betrachten wir die Produktionsabfälle. Diese fallen sowohl im eigenen Betrieb an als auch in der Lieferkette, durch eingekaufte Vorprodukte und Materialien. Da diese auch Sondermüll beinhalten (z.B. Farben) und wir wissen, dass noch nicht an allen Standorten eine optimale Trennung erfolgt, ist dies eine tatsächliche negative Auswirkung auf die Umwelt. Hier bewertet mit einem eher geringen Ausmaß, jedoch hohem Umfang und eher geringer Unabänderlichkeit. Die Eintrittswahrscheinlichkeit ist irrelevant, weil es sich um eine tatsächliche, aktuelle negative Auswirkung handelt. Gleichzeitig stellt dies ein Risiko dar, weil stärkere Auflagen zur Entstehung, Vermeidung und Entsorgung von Müll einen negativen Einfluss auf das Unternehmen haben können – sprich, höhere Kosten. Hier jedoch bewertet mit einer geringen Eintrittswahrscheinlichkeit, was zu einem insgesamt geringen Risiko führt.

Für den zweiten Aspekt „Umgang mit zurückgesendeter Ware“ betrachten wir sowohl eine Auswirkung (2) als auch ein Risiko (3) und eine Chance (4) für den eigenen Betrieb (nicht die Lieferkette). Nehmen wir an, dass die Auswirkungen im Moment tatsächlich schon bestehen und somit keine Angabe der Eintrittswahrscheinlichkeit notwendig ist. Der Schweregrad ist hier hoch in Hinblick auf Ausmaß und Umfang, weil viel Ware von den Ladengeschäften und auch aus dem Online-Geschäft zurückgesendet wird und die Spielz-Werke logistisch viele dieser Pakete nicht angemessen recyceln können. Gleichzeitig besteht ein geringes, aber mögliches Risiko, dass weitere Regulierungen entstehen könnten, die einen besseren Umgang mit Warenrücksendungen fordern, oder dass Bilder von Bergen ungenutzten neuen Spielzeuges in Entsorgungsanlagen in die Medien kommen, was zu negativen Effekten bei den Kunden führen könnte. Letztlich besteht eine hohe Chance für die Spielz-Werke, wenn sie in der Lage sind, Warenrücksendungen zu reduzieren und die Waren nach Rücksendung einer Nutzung zuführen könnten. Dies würde die negativen Auswirkungen stark reduzieren und mittelfristig zu positiven Effekten bei den Kunden führen können.

Die Thematik Verpackungsabfälle wurde zweimal aufgelistet, jeweils aus unterschiedlichen Gesichtspunkten. Einerseits wurden die negative Auswirkungen für das Unternehmen betrachtet, weil überhaupt Verpackungsmaterialien notwendig sind (im eigenen Betrieb und der Lieferkette). Dies ist eine kurzfristige tatsächliche Auswirkung und es ist keine Einschätzung der Eintrittswahrscheinlichkeit notwendig. Der Schweregrad ist hauptsächlich durch das hohe Ausmaß und den nicht zu vernachlässigenden Umfang beeinflusst. Andererseits wurde hinsichtlich der Verpackungsabfälle betrachtet, was eine Umstellung auf reduzierte und nachhaltige Verpackungsmaterialien bedeuten könnte. In diesem Fall eine deutliche Reduzierung der negativen Auswirkung, überhaupt Verpackungen zu verwenden (deutliche Reduzierung des Ausmaßes und des Umfangs), und gleichzeitig eine Chance, durch eine hohe Eintrittswahrscheinlichkeit dafür, dass es ein wichtiger Kauffaktor für Kunden (Stakeholder) wäre und so zu höheren Umsätzen führen könnte.

Es gilt dann noch die Schwelle zu bestimmen, ab der die Themen als wesentlich zu betrachten sind. In unserem Beispiel könnte dies 3 sein. Im Ergebnis wären dann die negativen Auswirkungen der Produktionsabfälle, die negativen Auswirkungen im Umgang mit zurückgesendeter Ware, die Chancen sowohl im Hinblick auf den Umgang mit zurückgesendeter Ware als auch die Reduzierung von Verpackungsabfällen und deren nachhaltigere Ausgestaltung wesentlich.

Es ist auch möglich, die Ergebnisse der Analyse in einer Matrix darzustellen. Hier einmal ganz grob eine Idee, wie das für die Spielz-Werke aussehen könnte, obwohl noch mehr Detailanalyse und Unterscheidung von Auswirkungen, Risiken und Chancen notwendig ist. In dieser Version wurden die zusätzlich ermittelten Themen Mitarbeiterengagement und Datensicherheit ergänzt, ebenso wie die Abfallthematik entsprechend dem detaillierten Beispiel. Die wesentlichen IROs sind dann diejenigen außerhalb des dunkleren Quadrats, also diejenigen, die das größere Risiko bzw. die Chance darstellen bzw. die eine hohe positive oder negative Auswirkung haben.

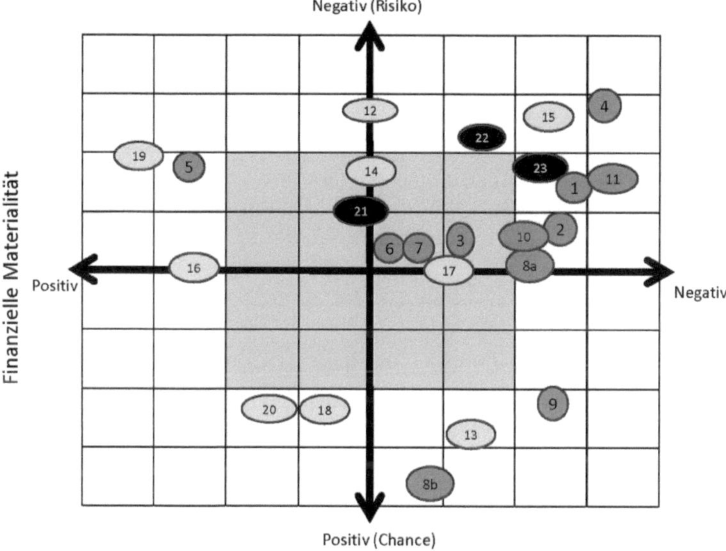

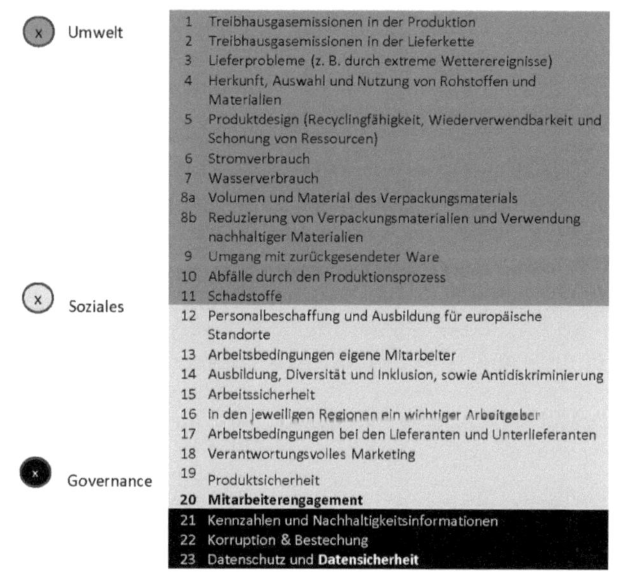

Kategorie	Nr.	Thema
Umwelt	1	Treibhausgasemissionen in der Produktion
	2	Treibhausgasemissionen in der Lieferkette
	3	Lieferprobleme (z. B. durch extreme Wetterereignisse)
	4	Herkunft, Auswahl und Nutzung von Rohstoffen und Materialien
	5	Produktdesign (Recyclingfähigkeit, Wiederverwendbarkeit und Schonung von Ressourcen)
	6	Stromverbrauch
	7	Wasserverbrauch
	8a	Volumen und Material des Verpackungsmaterials
	8b	Reduzierung von Verpackungsmaterialien und Verwendung nachhaltiger Materialien
	9	Umgang mit zurückgesendeter Ware
	10	Abfälle durch den Produktionsprozess
	11	Schadstoffe
Soziales	12	Personalbeschaffung und Ausbildung für europäische Standorte
	13	Arbeitsbedingungen eigene Mitarbeiter
	14	Ausbildung, Diversität und Inklusion, sowie Antidiskriminierung
	15	Arbeitssicherheit
	16	In den jeweiligen Regionen ein wichtiger Arbeitgeber
	17	Arbeitsbedingungen bei den Lieferanten und Unterlieferanten
	18	Verantwortungsvolles Marketing
	19	Produktsicherheit
	20	**Mitarbeiterengagement**
Governance	21	Kennzahlen und Nachhaltigkeitsinformationen
	22	Korruption & Bestechung
	23	Datenschutz und **Datensicherheit**

Abbildung 20: Wesentlichkeitsmatrix – Spielz-Werke (ESRS)

Diese Darstellung ist insgesamt natürlich stark vereinfacht und entwickelt sich erst bei der Durchführung Stück für Stück zu einer für Ihr Unternehmen passenden Methodik. Eine Frage ist sicherlich, aus welcher Perspektive eine Betrachtung dieser Aspekte erfolgt – auf Basis dessen, was ist oder was wäre, wenn sich nichts ändert. Oft ist es möglich, Themen mehreren Kategorien zuzuordnen, weil sie gleichzeitig ein Risiko und eine Chance sind (z. B. Gesundheit am Arbeitsplatz) und viele Risiken können in Chancen umgewandelt werden. In jedem Fall hilft die Diskussion, herauszufinden, was wirklich für das Unternehmen wichtig ist, und es bietet daher auch die Basis dafür, zu bestimmen, worauf sich das Unternehmen konzentrieren möchte, sprich, welche Nachhaltigkeitsstrategie (oder eher nachhaltige Unternehmensstrategie) es verfolgen möchte.

Abschließend ist es wichtig, die Liste der wesentlichen Auswirkungen, Risiken und Chancen (nochmal) mit den Stakeholdern im Rahmen der **Stakeholder-Validierung** zu besprechen und möglichst zu bestätigen. Auf dieser Stufe kann es noch Anpassungen geben und die Validierung ist auch an anderen Stellen im Prozess möglich, solange dies gut dokumentiert ist.

Nach Durchführung dieser Wesentlichkeitsanalyse hat Frau Schulz nunmehr eine Aufstellung der Themen, für welche die Spielz-Werke in ihrer Nachhaltigkeitsberichterstattung nach der CSRD Bericht erstatten müssen. Die Aufstellung hat jedoch auch geholfen, ganz allgemein ein gutes Verständnis der relevanten Nachhaltigkeitsthemen des Unternehmens zu gewinnen, um darauf basierend die Nachhaltigkeitsstrategie entwickeln zu können. Glücklicherweise ist es nicht notwendig, diesen doch recht umfassenden Prozess jedes Jahr im vollen Umfang zu wiederholen. Alle drei bis vier Jahre sollte dies genügen. Dennoch ist es notwendig, jährlich zu prüfen, ob es größere Veränderungen im Unternehmen gab, die (Teile) der Wesentlichkeitsanalyse in Frage stellen. Wenn es Akquisitionen gab oder neue Märkte, Produkte und Kundenkreise erschlossen wurden, es neue Lieferanten aus höher risikobehafteten Regionen gibt, ist es sicherlich notwendig, dies auch in der Wesentlichkeitsanalyse zu berücksichtigen.

Anmerkung: Im Rahmen der Nachhaltigkeitsberichterstattung nach der CSRD und den ESRS wäre der nächste Schritt nun, die berichtspflichtigen Angaben entsprechend den wesentlichen Auswirkungen, Risiken und Chancen zu ermitteln. Da wir hier jedoch die Entwicklung der Nachhaltigkeitsstrategie betrachten und „lediglich" die wesentlichen Themen des Unternehmens als Input für diese Strategie benötigen, wird dies an dieser Stelle nicht weiter ausgeführt. Schauen Sie dafür aber gern in das Kapitel 10 zur (Nachhaltigkeits-)Berichterstattung.

8.1.5 SWOT-Analyse

Als letzte Methode für die interne Analyse schaut sich Frau Schulz eine SWOT-Analyse an. Die Idee einer SWOT-Analyse ist es, für ein Unternehmen einerseits seine Stärken (Strength) und Schwächen (Weaknesses) aufzuführen und diese andererseits seinen Chancen (Opportunities) and Gefahren (Threats) gegenüber zu stellen. Diese Analyse kann Frau Schulz kaum als neue Mitarbeiterin allein bewältigen, jedoch hat sie Glück und eine solche wurde im Rahmen des letzten Strategieprozesses erstellt.

Tabelle 8: SWOT – Spielz-Werke (Auszug)

S – Stärken	– Etliche Patente auf Spiele – Starke Forschungs- und Entwicklungsabteilung nah am Kunden – Bekannte Marke – Enger Kontakt zu den Kunden – …
W – Schwächen	– Sehr auf den kontinentaleuropäischen Markt beschränkt – Unflexible Produktionsanlagen – Verwendung nicht so nachhaltiger Materialien – …
O – Chancen	– Individualität wird verstärkt gefordert – Spaß und Beschäftigung sind nach wie vor wichtig – Soziale Kontakte sind wichtig – Viele andere Märkte in der Welt, und durch steigenden Wohlstand steigt Bedarf an diesen Produkten – …
T – Gefahren	– Markt schläft nicht – Niedrige Geburtenraten und gesättigter Markt – Computer- und Handyspiele sehr beliebt – …

Es erfolgt dann eine Betrachtung der Schnittmengen, um Ideen zu entwickeln, welche die Stärken maximal ausnutzen und die Schwächen proaktiv reduzieren:

Tabelle 9: Auszug Ideen zur SWOT-Auswertung der Spielz-Werke

Extern Intern	**Chancen (Opportunities)**	**Gefahren (Threats)**
STÄRKEN (Strengths)	Wie können die Stärken genutzt werden, um von den Möglichkeiten zu profitieren? → *Erschließung neuer Märkte* → *Entwicklung neuer Produkte (z. B. pädagogische Spiele oder personalisierte Spiele und Spielzeuge) gemeinsam mit den Kunden*	Wie können die Stärken genutzt werden, um die Gefahren zu reduzieren? → *Vorreiter in der Entwicklung neuer Produkte* → *Ausnutzung der guten Kostenbasis, um profitabel zu bleiben und nachhaltigere Rohstoffe verwenden zu können*
SCHWÄCHEN (Weaknesses)	Wie kann sichergestellt werden, dass die Schwächen den Chancen nicht im Weg stehen? → *Austausch der bestehenden Produktionslinien mit neuerer und flexiblerer Technik* → *Umstellung auf nachhaltige Materialien*	Wie kann sichergestellt werden, dass die Schwächen, die Gefahren nicht Realität werden lassen? → *Entwicklung von Spielen an der Schnittstelle zur Technik*

Diese zeitintensive Vorarbeit zeigt auf, in welchem Umfeld sich das Unternehmen bewegt, was es kann, welche wesentlichen Auswirkungen, Risiken und Chancen es hat. Das schafft die Grundlage für die Definition einer Nachhaltigkeitsstrategie und das sehen wir uns im nächsten Unterkapitel an.

8.2 Strategieentwicklung

Die Strategieentwicklung ist der zweite Schritt in unserem Strategiekreislauf.

Abbildung 21: Strategiekreislauf – Strategieentwicklung

Hier legt das Unternehmen fest, in welche Richtung es sich entwickeln möchte. Dies erfolgt über die Festlegung der Priorisierung bzw. der Unique Selling Proposition (USP) und der daraus folgenden Strategieformulierung. Für Frau Schulz geht es hierbei um die Nachhaltigkeitsstrategie. Wie wir im Reifegradmodell gesehen haben, kann diese in die Unternehmensstrategie integriert sein, muss es jedoch nicht. Idealerweise wird Nachhaltigkeit jedoch direkt als fester Bestandteil der gesamten Strategie gesehen.

Die nachfolgenden Unterkapitel betrachten zunächst die Grundlagen der Strategieentwicklung, um dann auf zwei spezielle Aspekte hinsichtlich einer Nachhaltigkeitsstrategie einzugehen, das Ambitionslevel und die Anwendung des Reifegrademodells. Anschließend schauen wir uns an, was dies für die Spielz-Werke bedeuten könnte.

8.2.1 Grundlagen der Strategieentwicklung

Das Konzept zur Entwicklung einer Nachhaltigkeitsstrategie ist im Grunde das gleiche wie für die Entwicklung einer allgemeinen Unternehmensstrategie. Typischerweise folgt der Aufbau der Strategie einer Pyramidenform, wie auch die nachfolgende Abbildung zeigt.

Abbildung 22: Strategiepyramide

An der Spitze der Pyramide steht die Vision. Sie beschreibt die gewünschte Welt, wenn die Vision erfüllt ist. Diese Vision wird dann heruntergebrochen und dadurch konkretisiert. Ableitend aus der Vision bestimmt ein Unternehmen seine Mission. Sie beschreibt, wie das Unternehmen konkret zur Erreichung der Vision beitragen kann. Die Werte beschreiben, auf welche Art das Unternehmen die Vision erreichen möchte. Darauf folgen die strategischen Ziele, welche die Schritte auf dem Weg zur Erfüllung der Vision beschreiben. Die Strategie beschreibt dann den Plan zur Erreichung dieser Ziele. Abschließend bestimmt das Unternehmen die eher operativen Ziele und Maßnahmen zur Erreichung der strategischen Ziele und ultimativ der Unternehmensvision. Je detaillierter die Stufen sind, desto kurzfristiger sind sie angelegt. Während eine Vision eine Dauer von zehn Jahren oder mehr haben kann, hat eine Strategie vielleicht einen Zeitrahmen von drei bis fünf Jahren und die operativen Ziele und Maßnahmen vielleicht lediglich von drei Monaten oder einem Jahr.

Für ein Unternehmen des Energiesektors:

Vision	Der größte Anbieter erneuerbarer Energie in [Region] ohne Netto-Auswirkungen auf die Umwelt bis 2035.
Mission	Unseren Kunden helfen ihren Fußabdruck bei der Energiebeschaffung zu eliminieren und dabei den Wandel zu erneuerbaren Energiequellen zu führen.
Werte	Fair, transparent, etc.
Ziele	1. Aufbau von XX TWh aus erneuerbarer Energiequellen bis zum Jahr 2028. 2. Abschaltung aller herkömmlichen, fossilen Energiequellen bis zum Jahr 2030. 3. ...
Strategie	1. Technische Weiterentwicklung von ... 2. Transformationsprogramm für Mitarbeiter in der fossilen Energiegewinnung 3. ...
Operative Ziele & Maßnahmen	1. Einstellung und Schulung von XX Personen 2. Planung und Durchführung des Baus von X Windparks, Solaranlagen, etc. bis 2026 3. ...

Abbildung 23: Beispiel Strategieentwicklung für ein Unternehmen im Energiesektor

Dabei ist es wichtig, die Ziele sehr klar zu definieren. Gern verwendet wird ein Ansatz von *Peter F. Drucker*, der besagt, dass Ziele SMART sein müssen:

- **S** Specific – spezifisch, also klar beschrieben
- **M** Measurable – messbar
- **A** Achievable – erreichbar, sprich, es kann (mit entsprechender Anstrengung) erreicht werden
- **R** Reasonable – angemessen
- **T** Time-bound – zeitlich festgelegt, sprich, es gibt ein festgelegtes zeitliches Ziel.

Anhand dieser Ausführungen wird schnell klar, dass die Nachhaltigkeitsstrategie eigentlich unabdingbar mit der Unternehmensstrategie verwoben ist. Das eine ist nicht ohne das andere zu denken, sofern ein Unternehmen Nachhaltigkeit ernst nehmen möchte.

Nun gilt es, bei der Entwicklung der (Nachhaltigkeits-)Strategie die Interessen der verschiedenen Stakeholder zu berücksichtigen, und dafür hilft in jedem Fall die Liste der wesentlichen Nachhaltigkeitsthemen und aller anderer Informationen, die während der Analysephase zusammengetragen worden sind. Dazu nachfolgend ein paar Gedanken.

8.2.2 Ambitionslevel

Es ist nicht notwendig, alle wesentlichen Themen als gleich wichtig in die Strategie aufzunehmen. Ein Unternehmen kann jedes wesentliche Thema auf unterschiedliche Art und Weise adressieren. Ein schönes Modell dafür befindet sich in nachfolgender Abbildung. Danach haben Unternehmen die Möglichkeit, zu entscheiden, ob sie einfach Risiken vermeiden oder positive Veränderungen schaffen wollen, mit so ziemlich der gesamten Bandbreite dazwischen. Diese Ausrichtung ist auf zwei Ebenen zu sehen:

- die Nachhaltigkeitsbemühungen insgesamt;
- einzelne Nachhaltigkeitsthemen.

Abbildung 24: Ebenen der strategischen Ausrichtung[66]

66 Eigene Übersetzung.

Unternehmen, die sich entscheiden, (mit bestimmten Themen) über die reine Risikovermeidung hinauszugehen, gehen den Weg zu einer wirklich nachhaltigen Unternehmensstrategie. Mit dem Ansatz „Wert schaffen“ können Unternehmen durch ihre Produkte, Dienstleistungen und Geschäftsaktivitäten gesellschaftlichen Nutzen maximieren (vergleichbar mit der Stufe 6 unseres Reifegradmodells). Mit dem Ansatz „Showcase Impact“ gehen sie darüber hinaus, weil sie mit ihren Lösungen gesellschaftliche Herausforderungen lösen wollen (vergleichbar mit der Stufe 7 unseres Reifegradmodells). Ein Beispiel hierfür wäre ein Energieunternehmen, das seine Energiegewinnung komplett von fossilen auf erneuerbare Energiequellen umstellt, oder Unternehmen, die komplett neue Produkte und Services entwickeln, um auf die aktuellen Herausforderungen reagieren zu können – Umstellung der Energieträger reicht nicht? Warum nicht neue Lösungen für Energiespeicher entwickeln?[67] Ein solcher Ansatz beschreibt ganz einfach den USP des Unternehmens, sprich den Aspekt, der es von allen anderen abhebt und einzigartig macht.

In Anbetracht der Liste wesentlicher Themen, Risiken und Chancen ist es sicher sinnvoll, sich auf ein zwei Aspekte zu beschränken, bei denen das Unternehmen dem Ansatz „Showcase Impact“ folgt, einige vielleicht „Wert schaffen“ und viele schlicht rechtskonform Risiken vermeiden.

8.2.3 Reifegradmodell

Auf unser Reifegradmodell zurückkommend, gilt es zunächst festzustellen, auf welcher Stufe sich das Unternehmen aktuell befindet, und dann zu entscheiden, ob es sich von dieser Stufe wegbewegen möchte (oder muss) und wohin. Dies ist abhängig vom Ambitionslevel des Unternehmens.

Abhängig von den Stakeholdern des Unternehmens und dem Bereich, in dem es tätig ist, könnten gerade kleinere sicher auf der zweiten Stufe „Erste Ansätze“ bleiben. Durch die aktuelle regulatorische Entwicklung wird der Weg in Richtung Ebene 5 „ESG-Pflichterfüllung“ jedoch für viele, vor allem große Unternehmen unvermeidbar sein. Spannender, gerade für Sie als (künftigen) Nachhaltigkeitsbeauftragten ist jedoch eine Ambition in Richtung Stufe 6 „Unabhängige Nachhaltigkeitsstrategie“ und vor allem Stufe 7 „Nachhaltiges Unternehmen“, weil dies im Grundsatz etwas ändert. In Anbetracht der aktuellen globalen Herausforderungen (und der Profitchancen) bleibt es zu wünschen, dass Unternehmen sich des Themas freiwillig ganzheitlich annehmen.

---

67 Für viele spannenden Denkanstöße hier eine Empfehlung zum Weiterlesen: *Polman/ Winston*, Net positive. How courageous companies thrive by giving more than they take, und *Townsend,* The Solutionists. How businesses can fix the future.

8.2.4 Anwendung auf die Spielz-Werke GmbH & Co. KG

Die Spielz-Werke befinden sich in der Ausgangssituation eher auf der Stufe 2 „Erste Ansätze – CSR“. Die Frage ist, wo sie nach der Analyse des Unternehmens, der wesentlichen Themen und des Umfelds hinwollen. Dafür gibt es etliche Möglichkeiten. Zum Beispiel:

Denkbar wäre der Ansatz in Richtung Stufe 5 „ESG-Pflichterfüllung“. Da die Wesentlichkeitsanalyse jetzt bereits durchgeführt ist und auch eine Nachhaltigkeitsberichterstattung unter der CSRD Pflicht wird, ist das wohl die Minimalversion. Dies ändert die Unternehmensstrategie nicht (wesentlich). Es ist denkbar, standardisierte Prozesse zur Entwicklung und Berechnung von Kennzahlen und der Beantwortung von externen Anfragen einzurichten. Die Spielz-Werke könnten die Wesentlichkeitsanalyse noch dazu verwenden, zielgerichtetere Einzelinitiativen zu identifizieren und durchzuführen. Dieser Ansatz bringt das Unternehmen auf jeden Fall schon einmal ein großes Stück voran. Kennzahlen und Berichterstattung schaffen eine Transparenz, die einerseits intern sichtbar ist und mögliche Veränderungen noch klarer deutlich macht (z. B. Senkungen der Emissionen beim Transport durch Umstellung der Transporte aus Vietnam von Luft- auf Seefracht), andererseits auch dazu führen kann, den Druck durch die Stakeholder zu erhöhen. In diesem Ansatz befinden wir uns bzgl. des Ambitionsniveaus auf der Ebene „Risiko vermeiden“.

Ebenso denkbar wäre ein Ansatz in Richtung Stufe 7 „Nachhaltiges Unternehmen“. In diesem Fall nutzt das Unternehmen die identifizierten Aspekte, um grundsätzlich die Ausrichtung des Unternehmens, die Produktpalette und die Prozesse entlang der gesamten Wertschöpfungskette zu überprüfen und anzupassen. So könnten die Spielz-Werke als Familienunternehmen schon immer den Fokus auf die Verantwortung für künftige Generationen gelegt haben. Sie könnten diesen Ansatz wählen, um einen Wandel zu einem Unternehmen einzuschlagen, das sich der spielerischen Wissensvermittlung und der Stärkung des sozialen Austauschs für alle Altersklassen mit generationsübergreifenden Spielzeugen und Spielen verschreibt und dabei gleichzeitig den ökologischen Fußabdruck reduziert und die gesamte Produktion an Prinzipien der Kreislaufwirtschaft ausrichtet. Es könnte sich in diesem Fokus auf Lernen und sozialen Austausch vom Wettbewerb abheben und dadurch ein Alleinstellungsmerkmal erlangen.

Tabelle 10: Ansatz für eine Strategie der Spielz-Werke

Stufe der Pyramide	Für die Spielz-Werke
Vision	Spielerische Wissensvermittlung für alle Altersklassen ohne Netto-Auswirkungen für den Planeten bis 2035.
Mission	Wir wollen Kindern und Erwachsenen helfen, unabhängig von ihrer sozialen Herkunft entsprechend ihrer, individuellen Bedürfnissen zu lernen, sozialen Austausch zu leben und sich weiterzuentwickeln, ohne ihren ökologischen Fußabdruck zu vergrößern.
Werte	Fair, transparent, familienfreundlich, …
Ziele	1. Emissionsneutrale Herstellung aller Spielzeuge und Spiele bis zum Jahr 2030. 2. Umstellung der Materialien der Spielzeuge auf 100% natürliche Rohstoffe (z. B. Papier und Holz) aus ökologisch nachhaltigem Anbau bis 2035. 3. Umsetzung der Prinzipien der Kreislaufwirtschaft bis 2028. 4. Verlängerung der Lebenszeit von Spielen mit dem Gedanken der generationenübergreifenden Weitergabe. 5. Integration der realen und der digitalen Welt in den Spielen. …
Strategie	1. Umstellung der gesamten Produktpalette mit Fokus auf Lernen und Verbesserung der sozialen Kontakte für jede Altersgruppe. 2. Umstellung und Flexibilisierung der Produktionsanlagen zur schnelleren Anpassung von Produkten nach individuellen Wünschen. 3. Verlängerung der Lebenszeit für Spiele und Spielzeuge durch Einführung eines Spielzeugrücknahme- und Reparaturprogramms sowie eines Kundenservice mit Ersatzteilservice. …
Operative Ziele & Maßnahmen	1. Anpassung der Produktionsmengen und der Lagerorganisation zur Vorbereitung des Ersatzteillagers für Spiele und Spielzeuge. 2. Entwicklung einer Webseite zur Spielzeugrücknahme. 3. …

In punkto Ambitionslevel sind die Ziele der besseren Wissensvermittlung und Steigerung des sozialen Austauschs als „Wert schaffen" anzusehen, weil die Spielz-Werke ihre Produkte und Aktivitäten anpassen, um den gesellschaftlichen Nutzen zu maximieren. Das Ziel, dies ohne Netto-Auswirkungen auf den Planeten zu erreichen, könnte als „Showcase Impact" gesehen werden.

Im Rahmen der Strategieentwicklung muss das Unternehmen auch klären, wie eine Organisation aussieht, die den Wandel begleiten kann, was der Zeithorizont ist, welche Mittel zur Verfügung stehen müssen etc. Es ist nicht möglich, das innerhalb weniger Stunden zu erledigen, und es benötigt mehrere iterative Runden, da dies unter Umständen zu sehr einschneidenden Veränderungen für das Unternehmen, seine Geschäftspartner und Kunden führt. Wie dann die Umsetzung gelingen kann, betrachten wir nun im folgenden Unterkapitel.

8.3 Umsetzung der Strategie

Nun hat Frau Schulz zwar eine Nachhaltigkeitsstrategie mit und für das Unternehmen definiert und diese wurde auch freigegeben, dies war aber fast noch der einfache Teil, denn nun geht es um die unternehmensweite Umsetzung. Diese schauen wir uns eher allgemein an und beziehen uns nur punktuell auf die Spielz-Werke.

Abbildung 25: Strategiekreislauf – Umsetzung

Zur Umsetzung gehört viel Projektmanagement, von einer übergreifenden Roadmap bis zur Umsetzung der einzelnen Initiativen. Gerade letzteres erfolgt auch in und durch die Fachbereiche, jedoch ist ein Überblick notwendig, ebenso wie die passende Organisation. Ganz konkret gehören noch viele andere Elemente dazu, ein ganzes Managementsystem – von der Umsetzung im Verhaltenskodex und den Richtlinien, der Kommunikation und

Schulung der Strategie, des Programms und einzelner Initiativen, bis hin zur Steuerung durch Boni und andere Anreize.

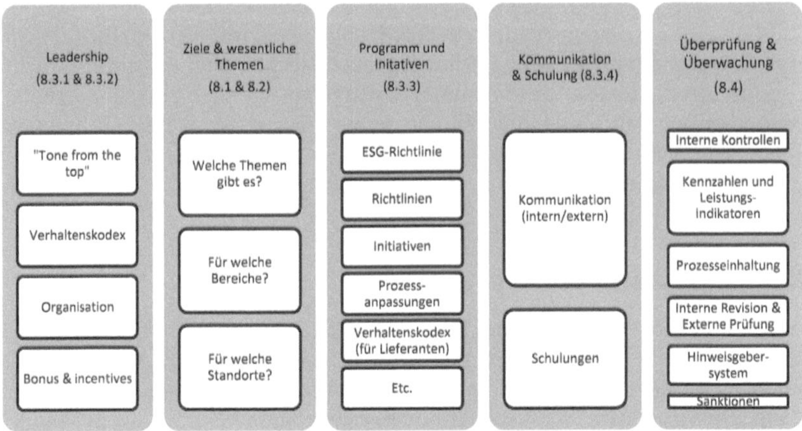

Abbildung 26: Beispiel für den Aufbau eines Nachhaltigkeitsmanagementsystems

Die fünf Säulen aus vorstehender Abbildung beschreiben die Elemente eines Managementsystems. Die erste Säule „Leadership“ legt die Grundlage, da durch die Führung des Unternehmens die Relevanz des Themas im Unternehmen festgelegt wird. Die zweite Säule „Ziele & wesentliche Themen“ haben wir bereits mit der Erarbeitung der wesentlichen Themen und der Strategie in den vorherigen Kapiteln erarbeitet. Die dritte Säule „Programm und Initiativen“ beschäftigt sich mit der eigentlichen Umsetzung des Programms in die Unternehmensprozesse und über die Initiativen (oder auch der kompletten Umstellung der Produktion oder Produktpalette). Die vierte Säule „Kommunikation & Schulung“ trägt das Programm durch Kommunikation und Schulung ins Unternehmen und bei Bedarf nach außen. Schlussendlich benötigen wir die fünfte Säule „Überprüfung & Überwachung“, um sicherzustellen, dass unser Programm und die Maßnahmen angemessen sind und funktionieren. Die Berichterstattung als wichtiges Element für die Säulen vier und fünf behandeln wir später im → Kapitel 10.

8.3.1 Leadership: „Tone from the top“, Verhaltenskodex und Organisation

Wie für andere Themen bzw. Managementsysteme wird nichts passieren, wenn die Unternehmensleitung dies nicht als relevant erachtet und dies auch nach außen vertritt (auch „Tone from the top“ genannt). Ohne im Detail auf kulturelle Themen eingehen zu wollen, wird eine Umsetzung auch dann scheitern, wenn das mittlere Management nicht hinter der Thematik und den Initiativen steht.

Eine Nachhaltigkeits- bzw. ESG-Strategie ist etwas Unternehmensübergreifendes, etwas, das nicht nur in einem Bereich gelebt werden kann. Da es fundamental die Werte, Prinzipien und die Funktionsweise eines Unternehmens beeinflusst, muss es Teil der Unternehmenskultur sein. Die Unternehmenskultur ist etwas sehr Komplexes. Es gibt auch nicht die „eine" Unternehmenskultur und es ist wichtig, entsprechende Subkulturen zu berücksichtigen – wer kennt es nicht, dass die Kollegen vom Standort XY oder der Abteilung AB „komisch" oder „anders" sind? Eine solches Kulturkonstrukt zu verändern, ist eine große Herausforderung und nicht innerhalb eines Monats erledigt. Wenn der Wunsch oder die Notwendigkeit besteht, die Werte bzw. die Kultur zu ändern, bedeutet dies eine Änderung des Verhaltens bzw. der Struktur. Ein erster Schritt hierfür ist die Bestimmung der veränderten Werte und deren Verankerung im Verhaltenskodex und den Richtlinien.

Es gibt keine pauschalen Vorschriften dazu, wie ein Verhaltenskodex auszusehen hat. Es gibt Unternehmen, bei denen er wahrscheinlich auf einer Seite Platz hat, bei anderen nimmt er über 20 Seiten ein. In einigen Unternehmen ist er ausschließlich auf die Einhaltung von Gesetzen und Regeln ausgerichtet, bei anderen auch auf die Einhaltung gewisser ethisch-moralischer Prinzipien. Letztlich sollte er die Werte des Unternehmens und die grundsätzlichen Verhaltensregeln beschreiben.

Es ist wichtig, die Ziele und Prinzipien der Nachhaltigkeitsstrategie auch im Verhaltenskodex zu verankern, ist er doch das übergreifende Dokument für das Verhalten und die Werte des Unternehmens. Wie weit dies greift, ist unter Berücksichtigung des unternehmensindividuellen Kontextes zu betrachten. Oft finden sich dort bereits Abschnitte zu „Gesundheit und Arbeitsschutz" oder zu „Menschenrechte und Sozialstandards" oder zu „Umweltschutz & Nachhaltigkeit" oder zu „Umgang mit Geschäftspartnern wie Lieferanten". In keinem Fall fehlen sollten Informationen zur Implementierung, wie die Nennung von Ansprechpartnern, Wege, (mögliche) Verstöße zu melden und wie mit diesen umgegangen wird, inklusive möglicher Sanktionen.

Besonders im internationalen Kontext sind einige zusätzliche Aspekte zu berücksichtigen, da eine größere Vielfalt kultureller Hintergründe und Moralvorstellungen (z. B. zum Thema Gleichberechtigung) zu beachten sind. In diesen Fällen wird der Verhaltenskodex eher eine Art „Mindeststandard" sein und kann besonders dann auf internationalen Leitlinien, wie den zehn Prinzipien des UN Global Compact, basieren.

8.3.2 Bonus und Incentives

Abhängig davon, wie die konkrete Nachhaltigkeitsstrategie aussieht, ist es notwendig, deren Ziele auch in den Zielvorgaben der Führungskräfte und Mitarbeiter zu verankern. Vielleicht noch wichtiger ist es, zu überprüfen, ob die anderen Zielvorgaben den Nachhaltigkeitszielen entgegenstehen. Zum Beispiel ist es für viele Unternehmen unmöglich, gewisse Klimaziele ohne signifikante Investitionen zu erreichen. Dieser Art von Investitionen können jedoch Gewinnziele/-margen entgegenstehen. Hier wird es zu großen Herausforderungen für Unternehmen und Eigentümer kommen, die richtige Balance zu finden. Es ist ein Kernelement, um die Umsetzung der Nachhaltigkeitsstrategie zu steuern, und der Einfluss anderer Stakeholder somit auch auf die Unternehmensstrategie wird hier nochmals richtig deutlich.

Mögliche Ziele könnten sein:

– **Umwelt**: Emissionsreduzierungsziele, Reduzierung von Müll, Erhöhung des Anteils erneuerbarer Energien etc.
– **Soziales**: Mitarbeiter- und Kundenzufriedenheit, Wahrnehmung von Schulungen, Fluktuationsraten von Mitarbeitern, Frauenanteil in Führungspositionen, Arbeitssicherheitskennzahlen etc.
– **Governance**: Quoten zur Erfüllung von Compliance-Schulungen, Compliance-Prüfungen von Lieferanten etc.

Neben der Möglichkeit, Bonusanteile an einzelne oder kombinierte ESG-Ziele zu knüpfen, gibt es auch die Möglichkeit, ein allgemeines ESG-Ziel für das Unternehmen zu definieren (als Kombination mehrerer Aspekte) oder die ESG-Performance als eine Auswirkung auf den Gesamtbonus zu verwenden. So hat Apple im Jahr 2021 verkündet, dass die ESG-Performance zu einem 10 % höheren oder niedrigeren Bonus führen könnte.[68]

Eine Analyse aus dem Jahr 2022 zeigt, dass fast alle DAX-Unternehmen ESG-bezogene Ziele in ihre Vergütungssysteme einbeziehen.[69] Diese Analyse zeigt auch, dass die befragten Unternehmen alle erwähnten Möglichkeiten, dies umzusetzen, verwenden.

Auch die CSRD greift durch die ESRS das Thema auf – in der Angabepflicht ESRS 2 GOV-3 „Einbeziehung der nachhaltigkeitsbezogenen Leistung in Anreizsysteme“. Diese Angabepflicht bezieht sich auf die „Verwaltungs-, Leitungs- und Aufsichtsorgane“ und fordert Unternehmen auf, neben anderen Informationen auch zu beschreiben, „b) ob die Leistung anhand spezifischer nachhaltigkeitsbezogener Ziele und/oder Auswirkungen bewertet wird, und wenn ja, welche“, und „d) den Anteil der variablen Vergütung, der von nach-

68 *Nellis*, Apple will modify executive bonuses based on environmental values in 2021.

69 *Schmelter*, Environmental Social Governance in der Vorstandsvergütung. In: humanresourcesmanager.de, 6.4.2024.

haltigkeitsbezogenen Zielen und/oder Auswirkungen abhängt", anzugeben. Sofern ein Unternehmen den E1 als wesentlich erachtet, muss es hier noch spezifisch im Zusammenhang mit dem ESRS 2 GOV-3 angeben, „ob und wie klimabezogene Erwägungen in die Vergütung der Mitglieder der Verwaltungs-, Leitungs- und Aufsichtsorgane einbezogen werden" und „ob ihre Leistung anhand der […] THG-Emissionsreduktionsziele bewertet wurde".

8.3.3 Richtlinien und Initiativen

Der Verhaltenskodex allein reicht natürlich nicht zur Umsetzung eines Programms. Typischerweise setzen Unternehmen die Prinzipien aus dem Verhaltenskodex in weiterführenden Richtlinien, Arbeitsanweisungen etc. konkret um. Es gibt eine Dokumentenpyramide, welche die Verbindlichkeit und Konkretisierung der Dokumente beschreibt. So nimmt die Anzahl der dazugehörigen Dokumente von oben nach unten zu (daher die Pyramidenform), die praktische Umsetzung/Präzision nimmt ebenfalls von oben nach unten zu, jedoch nimmt die Verbindlichkeit von oben nach unten ab.

Abbildung 27: Beispiel für eine Dokumentenpyramide

Richtlinien im Unternehmenskontext (und klar zu unterscheiden von EU-Richtlinien) sind Umsetzungsvorgaben der Prinzipien und Werte aus dem Verhaltenskodex. Wenn der Verhaltenskodex bspw. Arbeitssicherheit als einen relevanten Wert für das Unternehmen aufführt, wird es sicherlich eine Richtlinie zur Arbeitssicherheit geben, die ausführt, wie genau die

Arbeitssicherheitsorganisation, -strategie und -umsetzung im Unternehmen übergreifend zu erfolgen hat.
– Arbeitsanweisungen sind detaillierte Handlungsanweisungen zu konkreten Themen. Wenn wir beim Beispiel Arbeitssicherheit bleiben, könnte dies eine Arbeitsanweisung zur Verwendung bestimmter Maschinen oder zum Verhalten in bestimmten Räumlichkeiten, wie einer Lager- oder Produktionshalle, sein.
– Handbücher und Prozessbeschreibungen sind detaillierte Beschreibungen eines Prozesses, bestimmter Aufgaben oder Tätigkeiten. In punkto Arbeitssicherheit könnte dies eine Prozessbeschreibung zur Durchführung einer Gefährdungsanalyse sein oder ein Handbuch zur Nutzung einer Software für die Meldung von Arbeitsunfällen.
– Sonstige Dokumente umfassen alles andere, wie bspw. Formulare, Aushänge, Berichte etc.

Im ersten Schritt zur Umsetzung der Prinzipien aus dem Verhaltenskodex ist eine Nachhaltigkeits- bzw. ESG-Richtlinie empfehlenswert. Sie beschreibt die Zielsetzung zu Nachhaltigkeit bzw. ESG und die grobe Beschreibung zu Organisation, Berichtswesen etc. Sie finden eine mögliche Gliederung hierzu im → Anhang.

Des Weiteren gilt es, die Richtlinien zu überarbeiten oder zu erstellen, die durch die Nachhaltigkeitsstrategie betroffen sind. Dies ist unternehmensindividuell und abhängig von der Nachhaltigkeitsstrategie und den identifizierten wesentlichen Themen. Beispiele für zu erstellende oder zu überarbeitende Richtlinien könnten sein:
– Richtlinie zur Arbeitssicherheit,
– Richtlinien im Bereich Personal wie zum Thema Diversität, Schulungen etc.
– Compliance-Richtlinie,
– Richtlinie Einkauf von Waren und Dienstleistungen.

Wenn diese Richtlinien erstellt bzw. überabeitet sind, ist eine Überprüfung notwendig, ob weitere Dokumente zu erstellen oder zu aktualisieren sind. Beispiele hierfür können sein:
– Prozessbeschreibungen für interne Kontrollen (z.B. für die Erstellung ESG-relevanter Kennzahlen),
– Arbeitsanweisungen zur Geschäftspartnerprüfung,
– Handbücher zur Berechnung von Kennzahlen etc.

Der beste Verhaltenskodex und die besten Richtlinien nutzen jedoch wie gesagt nichts, wenn die Unternehmensleitung und alle anderen Führungskräfte die entsprechenden Werte nicht vorleben („Tone from the Top"). Wichtig auch ist deren Kommunikation und Schulung durch das Unternehmen hindurch, und das betrachten wir im nachfolgenden Abschnitt.

8.3.4 Kommunikation und Schulung

Das beste Nachhaltigkeitsmanagementsystem mit klaren Regeln, guten Prozessen, Initiativen und Kontrollen nutzt nichts, wenn es niemand kennt und einhält. Es sind auch nicht unbedingt alle Mitarbeiter total begeistert, wenn es um „Modethemen“ wie Umwelt, Soziales oder gute Unternehmensführung geht. Schon gar nicht begeistert es viele Kollegen, Verhaltensweisen zu ändern oder Tätigkeiten anders ausführen zu müssen. Daher gilt es nicht nur, die Fans von Nachhaltigkeit mitzunehmen, sondern möglichst alle Kollegen. Dafür ist eine funktionierende und positive Kommunikation notwendig. Des Weiteren geht es nicht nur um die Kommunikation zur Seite und nach unten. Auch die Kommunikation zur Unternehmensleitung ist ein wichtiger Bestandteil und auch die Kommunikation nach außen. Die Berichterstattung als Mittel der internen wie externen Kommunikation wird in Kapitel 10 behandelt.

Interne Kommunikation: Es gibt unheimlich viele Arten, innerhalb des Unternehmens bzw. der Unternehmensgruppe zu kommunizieren. Zum einen ganz klassisch schriftlich über Richtlinien, Arbeitsanweisungen, Aushänge, E-Mails, Intranet-Meldungen oder einen eigenen Bereich im unternehmensinternen Intranet. In punkto Nachhaltigkeit bzw. ESG kann dies die klassische Nachhaltigkeits-/ESG-Richtlinie sein, Arbeitsanweisungen oder Prozessbeschreibungen für die Berechnung von Kennzahlen, Intranet-Meldungen zu Erfolgen (und Misserfolgen) von Initiativen zur Umsetzung der Strategie oder eine eigene Intranetseite mit allen relevanten Informationen zur Nachhaltigkeitsstrategie, den Initiativen, Ansprechpartnern etc.

Nicht zu vergessen ist die mündliche Kommunikation, die mindestens genauso wichtig ist. Hierzu gehören direkte persönliche Gespräche mit Kollegen und auch die Teilnahme an Besprechungen anderer Abteilungen. Dies hilft, das Bewusstsein für die Thematik schaffen und Raum für Rückfragen und neue Ideen zu bieten. Ein anderes Beispiel ist die persönliche Vorstellung der Nachhaltigkeitsaktivitäten im Rahmen von Onboarding-Programmen für neue Mitarbeitende.

Externe Kommunikation: Die externe Kommunikation richtet sich an Parteien außerhalb des Unternehmens. In punkto Nachhaltigkeit ist das ein nicht zu vernachlässigendes Thema, da viele der Stakeholder des Unternehmens extern sind. Diese Kommunikation ist auch mit großen Reputationsrisiken verbunden, falls sie falsch läuft – gerade in Hinblick auf Behauptungen im Bereich Nachhaltigkeit, wie viele Unternehmen bereits spüren durften.[70] In diesem Zusammenhang sei auch nochmals auf die kommende EU-Green Claims Directive (Unterkapitel 4.4.6) verwiesen. Jede Art von „Green Claims“ sollte möglichst unabhängig geprüft sein etc.

Aber dies soll und darf das Unternehmen nicht davon abhalten, Nachhaltigkeit und seine Nachhaltigkeitsbemühungen extern zu kommunizieren. Vor allem, wenn es Teil der Unternehmensstrategie ist, ist das auch nicht anders zu denken. Die Kommunikation erfolgt über alle Medien, von der Unternehmenswebseite über soziale Medien bis zu Messen etc. Ebenso sind externe Schulungen für Geschäftspartner jeder Art denkbar.

Schulung: Schulungen sind für viele der ESG-Themen unabdingbar, um das notwendige Knowhow zu kommunizieren. Das Spektrum für die Arten von Schulungen ist sehr groß. Jedes Unternehmen hat wohl mittlerweile eine breite Palette an E-Learnings zu diversen Themen und sicher ist es sinnvoll, dies vielleicht um eine allgemeine Schulung rund um ESG oder um spezifische Themen (z. B. Diversität) zu ergänzen. Dies schärft in der Breite das Bewusstsein für die Thematik. Neben diesen klassischen E-Learnings ist es heutzutage möglich, auch moderne Varianten wie Kurzfilme oder spielebasierte Schulungen zu wählen. Für etliche Themen ist es jedoch auch sinnvoll, persönliche Schulungen oder Workshops durchzuführen. Hier unterstützen es die Interaktion und die Möglichkeit, Fragen zu stellen, besser, komplexe Themen zu vermitteln. Es ist möglich, alle Arten von Schulungen mit externer Unterstützung durchzuführen.

Wie bei allen Schulungsthemen sind letztlich ein paar Grundprinzipien zu berücksichtigen:

- Zielgruppengerechter Schulungsplan: Nicht jeder Mitarbeitende im Unternehmen hat den gleichen Bedarf, sich mit den Themen auseinanderzusetzen, zumindest nicht mit dem gleichen Fokus. So benötigt der Einkauf sicher mehr Schulung in punkto Geschäftspartnerprüfungen nach ESG-Kriterien als andere Bereiche, während eine Schulung zum Thema Diversität und Inklusion für Führungskräfte anders aussehen könnte als für die restlichen Mitarbeiter.
- Inhalte möglichst auf unterschiedliche Arten präsentieren: Nicht jeder Mensch lernt gleich. Es gibt Menschen, die lernen besser, wenn sie Informationen hören, andere, wenn sie etwas sehen/lesen etc. In diesem Zusammenhang ist es interessant, sich mit den unterschiedlichen Arten von Lerntypen zu beschäftigen.
- Idealerweise direkt Beispiele aus dem eigenen Unternehmenskontext verwenden: Die Veranschaulichung der Inhalte durch konkrete Beispiele, ge-

70 Es sei an die vielen Klagen von Umweltschutzverbänden gegen Airlines zu denken, die versprachen, über CO_2-Kompensationsprogramme das Fliegen nachhaltiger zu gestalten.

rade wenn sie aus dem eigenen Unternehmenskontext stammen, hilft, die Inhalte besser aufzunehmen und sich daran zu erinnern.

– Immer die Möglichkeit der Rückfrage bieten: Es wird immer mal wieder Fragen oder Anmerkungen geben. Es ist daher wichtig, in irgendeiner Form eine Person oder E-Mail-Adresse als Anlaufpunkt zu definieren. Das ist auch möglich bei E-Learnings – und gerade da sehr wichtig, weil die Inhalte zwangsläufig etwas generisch sind und daher noch eher Fragen auftauchen können.

Nun ist es aber auch so, dass gerade längere Schulungen nicht für alle passen und viele Mitarbeiter die endlosen E-Learnings nicht mehr sehen können. Auch wird gesagt, dass sich die Aufmerksamkeitsspanne der Menschen in den letzten Jahren merklich reduziert hätte. Ein Thema, das daher immer wieder aufkommt, ist das sogenannte „Nudging“. „Nudging“ ist ein Begriff aus der Verhaltensökonomik, geprägt durch *Thaler* und *Sunstein*,[71] die letztlich davon ausgehen, dass Menschen nicht immer rein rational entscheiden, sondern sich bei ihren Entscheidungen und in ihrem Verhalten durchaus beeinflussen lassen. Umgesetzt in unserem, Zusammenhang heißt das, dass eine Kombination aus kürzeren Schulungen, relevanten Informationen an den richtigen Stellen (z. B. zur Mülltrennung an den Mülltonnen) oder gewissen Voreinstellungen (z. B. die Drucker standardmäßig auf doppelseitiges Drucken einstellen) eher zum gewünschten Verhalten der Kollegen führen (auch, weil es manchmal einfach zu nervig ist, dann von der Norm abzuweichen).

Wie für alle anderen Themen ist es wichtig, auch für ESG-Themen die Kommunikation und Schulungen gut zu durchdenken, sie zielgruppengerecht auszurichten, sie regelmäßig und auf unterschiedliche Arten (z. B. Internetnachrichten, E-Mails, E-Learnings, Poster etc.) durchzuführen.

8.4 Überprüfung und Überwachung

Egal, welche Maßnahmen das Unternehmen trifft, welche Richtlinien und Arbeitsanweisungen es erlässt und Schulungen es durchführt, es ist unabdingbar, die Einhaltung auch zu überprüfen und darauf basierend das Nachhaltigkeitsmanagementsystem anzupassen und damit zu verbessern. Dies ist das letzte Element des Strategiekreislaufs und die letzte Säule unseres Nachhaltigkeitsmanagementsystems.

---

71 *Thaler/Sunstein*, Nudge. Improving decisions about health, wealth, and happiness.

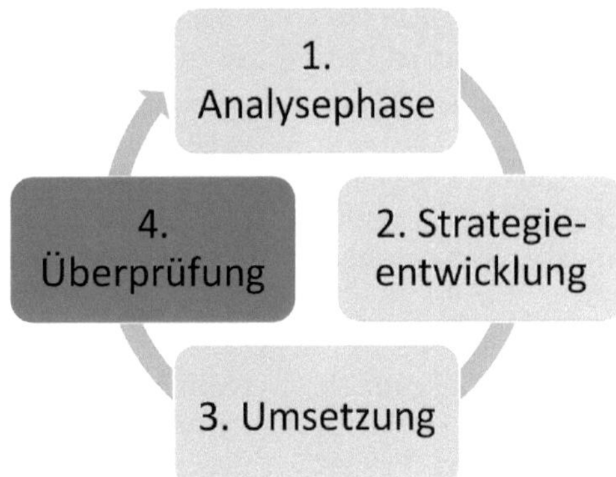

Abbildung 28: Strategiekreislauf – Überprüfung

Die Überprüfung bzw. Überwachung kann auf unterschiedliche Art und Weise erfolgen und muss an das Unternehmen und die tatsächlichen Maßnahmen angepasst sein. Eine präventive Form der Überwachung ist es, Kontrollen zu definieren, Kennzahlen einzurichten und eine regelmäßige Berichterstattung einzuführen. Dadurch können Unternehmen Abweichungen vermeiden bzw. rechtzeitig erkennen und Gegensteuerungsmaßnahmen ergreifen. Es sollte jedoch auch noch eine anlass- oder risikobezogene Prüfung der Einhaltung dieser Vorgaben geben, z. B. durch die Nachhaltigkeitsfunktion selbst, die Interne Revision oder eine externe Prüfung. Ebenso sollte eine Beschwerdestelle bzw. ein Hinweisgebersystem eingerichtet sein, um (mögliches) Fehlverhalten melden zu können. Die nachfolgenden Abschnitte gehen auf diese unterschiedlichen Aspekte ein – wobei der Berichterstattung das separate → Kapitel 10 zukommt.

Auch hier stellt sich die Frage, wer für die Überwachung bzw. Überprüfung verantwortlich ist. Insgesamt liegt diese, wie vieles, bei der Unternehmensleitung, wird jedoch typischerweise delegiert. Dies muss nicht unbedingt die Nachhaltigkeitsfunktion sein, sondern kann auch durchaus teilweise bei der Internen Revision, dem Controlling etc. liegen.

8.4.1 Interne Kontrollen

Ideal sind Kontrollen innerhalb der operativen Prozesse während des jeweiligen Prozesses. Als Beispiel seien hier bestimmte Überprüfungen von Lieferanten während der Geschäftspartneranalyse genannt, die Unternehmen durchführen, bevor ein Vertrag abgeschlossen wird. Interne Kontrollen unterscheiden sich einerseits in manuelle, semi-automatische und automatische Kontrollen, andererseits in vorgelagerte und nachgelagerte Kontrollen.

Manuelle, semi-automatische und automatische Kontrollen:

- Manuelle Kontrollen werden durch Menschen durchgeführt. Diese könnte ein Vier-Augen-Prinzip bei der Freigabe/Ablehnung von Lieferanten aus vordefinierten Gründen sein.
- Semi-automatische Kontrollen sind systemunterstützte Kontrollen. Hier könnte ein Mitarbeiter einen bestimmten monatlichen systemgenerierten Bericht für eine Kontrolle nutzen.
- Automatische Kontrollen sind vollständig systembasierte Kontrollen. Zum Beispiel die Blockade eines Lieferanten mit fehlendem unterschriebenem Verhaltenskodex bei automatisierten Käufen.

Vorgelagerte und nachgelagerte Kontrollen:

- Vorgelagerte Kontrollen befinden sich mitten im Prozess und stoppen diesen bzw. variieren seine Richtung in Abhängigkeit von den Bedingungen. Hier auch das Beispiel des Vier-Augen-Prinzips für die Freigabe/Ablehnung von Lieferanten aus vordefinierten Gründen.
- Nachgelagerte Kontrollen finden zeitversetzt später statt. Dies könnten tägliche, wöchentliche, monatliche etc. Kontrollen sein, die Transaktionen eines Prozesses rückwirkend auf bestimmte Aspekte hin analysieren. Hier ist das Beispiel eines monatlichen systemgenerierten Berichts für eine Kontrolle durch einen Mitarbeiter denkbar.

Dieser Vergleich zeigt auch deutlich, dass automatische und vorgelagerte Kontrollen zu bevorzugen sind, weil sie zum einen fehlerfrei funktionieren und Probleme von vornherein vermeiden. Jedoch lassen sich diese Art von Kontrollen, abhängig vom Prozess, System, den finanziellen Mitteln etc., nicht immer einrichten.

8.4.2 Kennzahlen und Leistungsindikatoren

Keine Strategie, kein Managementsystem funktioniert ohne relevante Kennzahlen und Leistungsindikatoren (Key Performance Indicator, KPI). Während Kennzahlen helfen, Prozesse und Geschehnisse messbar zu machen, dienen Leistungsindikatoren dazu, die Wirkung der ergriffenen Initiativen bzw. Maßnahmen zu verfolgen und zu messen. Für unseren Themenkomplex Nachhaltigkeit bzw. ESG sind solche Kennzahlen auch noch aus anderer Sicht relevant, weil externe Stakeholder sie fordern. Beispielsweise wollen Investoren ESG-Kennzahlen berichtet bekommen, um bessere Investmententscheidungen treffen zu können und/oder diese in ihre eigene Nachhaltigkeitsberichterstattung mit aufzunehmen. Ebenso sind andere Geldgeber, wie Banken bei Finanzierungen, an ESG-Kennzahlen interessiert. Dazu kommen Anforderungen durch die Nachhaltigkeitsberichterstattung (CSRD, GRI, TCFD etc.), die abhängig von der Wesentlichkeits- oder Risikoanalyse eigene Kennzahlen fordern, die Unternehmen nicht unbedingt als selbstgewählte Leistungsindikatoren verwenden.

Diese unterschiedlichen Anforderungen der Stakeholder an Kennzahlen führen zu gewissen Herausforderungen. Zum einen variieren möglicherweise die geforderten Berichtsfrequenzen, zum anderen handelt es sich oft nicht um die gleiche Definition der geforderten Zahlen. So kann es für einen Investor relevant sein, Informationen zu Themen zu erhalten, die das Unternehmen selbst nicht zusammenstellen würde oder nicht nach der gleichen Definition. Die größte Herausforderung ist momentan jedoch noch eine ganz andere: Unternehmen erfassen viele dieser Kennzahlen noch nicht systematisch (z. B. Stromverbrauch), und viele Kennzahlen beruhen daher auch (noch) auf Schätzungen (z. B. durchschnittliche Schulungsstunden pro Mitarbeiter).

Kriterien für ESG-Kennzahlen:

Kennzahlen müssen gewissen qualitativen Kriterien entsprechen, um verlässlich zu sein. Die ESRS beschreiben diese Kriterien detailliert,[72] da diese auch für die Informationen der Nachhaltigkeitsberichterstattung gelten. Ein kurzer auszugsweiser Überblick zu den Anforderungen entsprechend den ESRS – wobei ein Blick auf die Kriterien nach HGB und TCFD (→ Tabelle 10) zeigt, dass diese recht ähnlich sind:

- **Relevanz**: „Nachhaltigkeitsinformationen sind relevant, wenn sie bei Entscheidungen der Nutzer […] eine bedeutende Rolle spielen könnten.“
- **Wahrheitsgetreue Darstellung**: „Eine wahrheitsgetreue Darstellung setzt voraus, dass die Informationen i) vollständig, ii) neutral und iii) korrekt sind. […] Um Genauigkeit zu erreichen, ist es beispielsweise erforderlich, dass
  a) Sachinformationen frei von wesentlichen Fehlern sind,
  b) Beschreibungen präzise sind,
  c) Schätzungen, Näherungswerte und Prognosen eindeutig als solche gekennzeichnet sind,

  […] [etc.].“
- **Vergleichbarkeit**: „Nachhaltigkeitsinformationen sind vergleichbar, wenn sie mit Informationen verglichen werden können, die das Unternehmen in früheren Berichtszeiträumen bereitgestellt hat, und wenn sie mit Informationen anderer Unternehmen verglichen werden können, ins-

72 Europäische Kommission, ESRS 1, Anhang B.

besondere solchen, die ähnliche Aktivitäten ausüben oder in demselben Wirtschaftszweig tätig sind. …"

- **Überprüfbarkeit**: „… Nachhaltigkeitsinformationen sind überprüfbar, wenn es möglich ist, diese Informationen selbst oder die Beiträge, die herangezogen wurden, um die Informationen zu erhalten, zu untermauern."
- **Verständlichkeit**: „… Nachhaltigkeitsinformationen sind verständlich, wenn sie klar und prägnant sind. Die Verständlichkeit ermöglicht es jedem angemessen sachkundigen Nutzer, die übermittelten Informationen leicht nachzuvollziehen."

Tabelle 11: Qualitative Kriterien für Informationen

ESRS	GOBD/HGB	TCFD-Prinzipien
Relevanz		Relevant
Wahrheitsgetreue Darstellung	Richtig	Spezifisch und vollständig
	Vollständig	Durch die Zeit konsistent
Verständlichkeit	Ordnung	Klar, ausgewogen und verständlich
Vergleichbarkeit	Unveränderlich	Vergleichbar mit anderen Organisationen (in einem Sektor, einer Branche oder Portfolio)
Überprüfbarkeit		Verlässlich, überprüfbar und objektiv
	Zeitgerecht	Zeitnah zur Verfügung gestellt

Die Beschreibung zum Kriterium „wahrheitsgetreue Darstellung" führt auch aus: „…Genaue Informationen setzen voraus, dass das Unternehmen angemessene Verfahren und interne Kontrollen eingeführt hat, um wesentliche Fehler oder wesentliche Falschangaben zu vermeiden."[73] Hier wird die Forderung nach klaren internen Kontrollen deutlich, die sicherstellen, dass die Informationen bzw. Kennzahlen wirklich das liefern, was sie sollen.

Zudem ist eine entsprechende Dokumentation der Kennzahlen mit Definition, verwendeten Datenquellen, Versionierung möglicherweise externer Datenquellen (z. B. Emissionsfaktoren) etc. erforderlich.

Schauen wir uns nun ein paar Beispiele aus jeder der drei ESG-Säulen genauer an.

73 Europäische Kommission, ESRS 1, Anhang B, QC 9.

Environment

Emissionen:
- CO_2, CO_2e, CH_4, NOX, etc.

Müll:
- Anteile Abfallarten
- Art der Verwertung

Dienstwagen:
- Anteil Elektrofahrzeuge
- Anzahl Ladesäulen

Social

Diversität:
- Frauenanteile,
- Anteile von Nationalitäten

Ausbildung:
- Anzahl Azubis
- Weiterbildungsstunden

Gesundheit:
- Krankheitstage, -längen

Spenden

Governance

Compliance:
- Anteil geschulter Mitarbeiter
- Anzahl Meldungen Hinweisgebersystem
- Anzahl Diebstähle

Lieferanten:
- Unterzeichnung Verhaltenskodex für Lieferanten

Abbildung 29: Kennzahlen für ESG

Environment – Umwelt:

Im folgenden Abschnitt beschäftigen wir uns mit den Berechnungen von Treibhausgasemissionen und Kennzahlen zum Abfall.

Treibhausgasemissionsberechnungen:

Für die Berechnungen der Treibhausgasemissionen gibt es als einen anerkannten internationalen Standard das Greenhouse Gas (GHG) Protocol.[74] Dieser Berechnungsstandard bezieht sich nicht nur auf Kohlenstoffdioxid (CO_2), sondern umfasst auch folgende weitere Treibhausgasemissionen: Methan (CH_4), Lachgas (N_2O), Schwefelhexafluorid (SF_6), Fluorkohlenwasserstoffe (FKW), Perfluorcarbone (PFCs) und Stickstofftrifluorid (NF_3). Diese werden entsprechend in CO_2-Äquivalente (CO_2e oder CO_2-eq) umgerechnet. So hat Methan beispielsweise die 25-fache Treibhausgaswirkung wie CO_2 und eine Tonne Methan wird dann als 25 Tonnen CO_2e dargestellt.

74 Greenhouse Gas Protocol, Homepage | GHG Protocol, 29.3.2024.

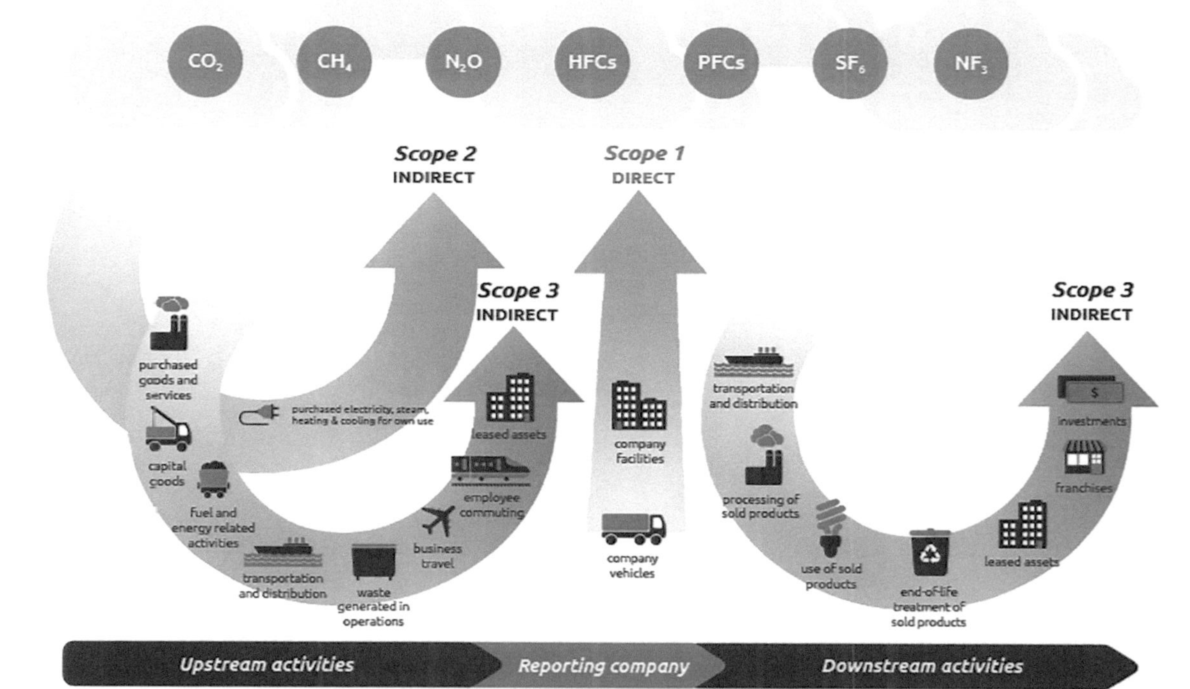

Abbildung 30: Überblick der GHG-Protokoll-Scopes und Emissionen der gesamten Wertschöpfungskette. Aus: Greenhouse Gas Protocol, Technical Guidance for Calculating Scope 3 Emissions, S. 6

Das GHG-Protokoll unterscheidet drei Arten („Scopes“) von Treibhausgasemissionen. Die Emissionen des Scope 1 umfassen die direkten Emissionen, die im Betrieb des Unternehmens entstehen. Dazu gehören beispielsweise Emissionen aus dem Betrieb der Firmenwagenflotte oder der Nutzung von Heizöl. Die Emissionen des Scope 2 sind die indirekten Emissionen aus eingekauftem Strom, Wärme (Heizung), Kälte (Kühlung) und Dampf. Der Scope 3 umfasst dann alle anderen indirekten Emissionen, sprich alle anderen Treibhausgasemissionen, die mit dem Unternehmen in Verbindung stehen. Diese sind in 15 Kategorien eingeteilt, entsprechend, ob sie dem Unternehmen vorgelagert („Upstream“) oder nachgelagert („Downstream“) sind. Sie reichen von den Emissionen, die bei der Produktion und Lieferung von Waren und Dienstleistungen für das Unternehmen entstehen, den Emissionen der Mitarbeiter für ihre Fahrten zum Arbeitsplatz und Dienstreisen oder für die Nutzung der Produkte des Unternehmens beim Kunden (z. B. der Stromverbrauch und die Entsorgung eines gekauften Laptops). Eine Übersicht befindet sich in nachfolgender Tabelle und verdeutlicht vielleicht die Komplexität der Thematik Kennzahlen, denn die Emissionen dieser Kategorien zu messen, ist schwierig und steht in starker Abhängigkeit von der Verfügbarkeit von Daten seitens der Geschäftspartner, Mitarbeiter etc.

Tabelle 12: Die 15 Kategorien des Scope 3

Upstream	**Downstream**
1. Eingekaufte Waren- und Dienstleistungen	9. Nachgelagerter Transport und Distribution
2. Kapitalgüter	10. Verarbeitung verkaufter Produkte
3. Energie- und brennstoffbezogene Aktivitäten	11. Gebrauch/Nutzung verkaufter Produkte
4. Vorgelagerter Transport und Distribution	12. End-of-life-Treatment verkaufter Produkte
5. Abfall	13. Vermietete oder verleaste Sachanlagen
6. Geschäftsreisen	14. Franchise
7. Mitarbeiterfahrten zum Unternehmen	15. Investitionen
8. Angemietete oder geleaste Sachanlagen	

Die Anteile der Scope-1-, -2- und -3-Emissionen variieren stark von Unternehmen zu Unternehmen oder eher vor allem von Sektor zu Sektor, wobei die Scope-3-Emissionen meistens den größten Teil der Treibhausgasemissionen eines Unternehmens bilden. Systain hat im Jahr 2014 mit CDP berechnet, wie groß die Anteile der Scope-1-, -2- und -3-Emissionen pro Sektor für die Region Deutschland, Österreich und Schweiz sind.[75] Für die meisten Sektoren bilden die Scope-3-Emissionen einen Anteil von > 60 % (z. B. Automobile & Komponenten mit 87 %, Finanzwesen mit 86 % oder Informationstechnologie mit 78 %). Es gibt zwei Sektoren mit besonders hohen Scope-1-Emissionen und das sind wenig überraschend der Energiesektor mit 77 % und das Transportwesen mit 53 %, da diese eben (noch) fossile Brennstoffe für ihren Betrieb benötigen. Der Scope 2 schwankt relativ stabil zwischen 6 und 15 %. Diese Zahlen umfassen nur eine Auswahl von Unternehmen einer bestimmten Region, erlauben jedoch einen Einblick in die Relevanz der indirekten Emissionen des Scope 3.

Ein eingängiges Beispiel ist die Treibhausgasbilanz von Amazon aus dem Jahr 2022. Ca. 77 % der berichteten Treibhausgasemissionen sind dem Scope 3 zuzuordnen (ca. 19 % Scope 1 und ca. 4 % Scope 2).[76] Der Scope 3 umfasst neben den Emissionen für Verpackungen, Transport, den Bau neuer Gebäude etc. auch die Emissionen für die Herstellung, Nutzung und Entsorgung der Amazon-eigenen Produkte. Dieses Beispiel zeigt, dass es durchaus sinnvoll ist, die indirekten Emissionen überhaupt zu erfassen und zu berechnen, denn letztlich ist es das produzierende Unternehmen, das entscheidet, aus welchen Materialien und in welcher Qualität es ein Produkt hergestellt. Berücksichtigt das Unternehmen die Gesamt-CO_2-Bilanz, gewinnt die Materialauswahl, Recyclingfähigkeit oder auch die Herstellung energiesparender Produkte eine ganz andere Bedeutung.

Seit einiger Zeit ist nun auch ein Scope 4 für Treibhausgasemissionen im Gespräch. Der Scope 4 umfasst die durch die eigenen Produkte vermiedenen Treibhausgasemissionen.[77]

Während Unternehmen mittlerweile recht fit in der Berechnung der Scope-1- und -2-Emissionen sind und angefangen haben, sich mit den Scope 3 Emissionen zu beschäftigen, wird Scope 4 von den meisten noch gar nicht angesehen und ist wahrscheinlich auch den wenigsten bekannt.

---

75 CDP, Die Zukunft der globalen Wertschöpfung, S. 14.

76 Amazon, Building a Better Future Together. In: sustainability.aboutamazon.com, 29.3.2024, S. 12.

77 World Resources Institute, Estimating and reporting the comparative emissions impacts of products.

Emissionsreduzierungsziele:

Treibhausgasemissionen zu messen ist ein wichtiger erster Schritt. Schnell kommen dann auch die Forderungen bzw. der Wunsch, diese zu reduzieren und sich entsprechende Ziele zu setzen. Nun ist es möglich, dass sich ein Unternehmen Ziele für bestimmte Emissionen setzt, es sektorielle Vorgaben gibt oder es sich eine ganzheitliche (absolute) Reduktion entsprechend den Vorgaben des Pariser Abkommens vornimmt, ggf. zehn Jahre früher, wenn es die Climate Pledge unterschrieben hat. Eine Möglichkeit, die an dieser Stelle kurz erwähnt werden soll, ist die Science Based Targets-Initiative (SBTi),[78] weil sie Tools zur Unterstützung des Prozesses liefert und bereits über 4.000 Unternehmen weltweit sich der Initiative angeschlossen haben. Diese Nichtregierungsorganisation hat sich zum Ziel gesetzt, Unternehmen und Finanzdienstleistungsinstitute im Kampf gegen die Klimakrise zu unterstützen und einen Beitrag zur Erreichung der Ziele des Pariser Klimaabkommens zu leisten. Sie entwickelt hierfür Standards, Werkzeuge und andere Materialien, basierend auf wissenschaftlichen Kenntnissen. Unternehmen verpflichten sich dazu, entsprechende Emissionsreduzierungsziele zu setzen und diese durch SBTi überprüfen und validieren zu lassen. Sie können dies dann entsprechend kommunizieren.

Abfallkennzahlen:

Für viele Unternehmen ist das Thema Abfall relevant, z. B. bei produzierenden Unternehmen. In Anbetracht der Ressourcenknappheit ist das Thema Kreislaufwirtschaft insgesamt wichtig, und dazu gehört auch der Abfall. Auch hier ist es sinnvoll, Kennzahlen zu ermitteln, um zu wissen, wie viel Abfall es gibt, in welchen Abfallkategorien und wie dieser verwertet wird oder auch als eine relative Kennzahl wie durchschnittliche Abfallmenge pro Kunde, Mitarbeiter oder Produkt. Auch hier ist es nicht notwendig, das Rad neu zu erfinden und eher empfehlenswert, bestehende Rahmenwerke zu durchforsten. Zum einen gibt dies Ideen, was relevant zu messen sein könnte oder sie geben auch Hinweise zur Definition der Kennzahlen. Gerade zum Thema Abfall gibt es bereits einiges, egal ob im themenspezifischen Standard zum Müll von der GRI oder dem ESRS E5 zur Kreislaufwirtschaft. Zum Zwecke der Veranschaulichung schauen wir uns den ESRS E5-5 genauer an und dort die geforderten Angaben zum Abfall:

> „37. Das Unternehmen gibt die folgenden Informationen über die Gesamtmenge des Abfallaufkommens im Rahmen seiner eigenen Tätigkeiten in Tonnen oder Kilogramm an:
>
> a) die Gesamtmenge des Abfallaufkommens,

78 Science Based Targets initiative, About Us. In: sciencebasedtargets.org, 1.4.2024.

b) die Gesamtmenge nach Gewicht, die von der Beseitigung abgezweigt wird, aufgeschlüsselt nach gefährlichen und nicht gefährlichen Abfällen und nach den folgenden Arten von Verwertungsverfahren:
   i. Vorbereitung zur Wiederverwendung,
   ii. Recycling und
   iii. sonstige Verwertungsverfahren,
c) die zur Beseitigung bestimmte Menge nach Abfallbehandlungsart und die Gesamtmenge aller drei Arten, aufgeschlüsselt nach nicht gefährlichen und gefährlichen Abfällen. Über folgende Arten der Abfallbehandlung sind Angaben zu machen:
   i. Verbrennung,
   ii. Deponierung und
   iii. sonstige Arten der Beseitigung,
d) sowie die Gesamtmenge und den prozentualen Anteil nicht recycelter Abfälle. […]

39. Das Unternehmen gibt außerdem die Gesamtmenge seiner anfallenden gefährlichen Abfälle und radioaktiven Abfälle gemäß Artikel 3 Absatz 7 der Richtlinie 2011/70/Euratom des Rates an. […]"[79]

Anhand dieses Beispiels wird deutlich, dass die Beschreibungen der Kennzahlen sehr klar sind und kaum weiterer Erläuterung bedürfen. In diesem Fall lohnt sich auch ein Blick in den GRI-Standard, der ähnliche Informationen fordert und im Anhang auch Tabellen für eine beispielhafte Darstellung der Informationen enthält.[80]

Die Herausforderung in der Zusammenstellung dieser Informationen liegt eher darin, die Daten zu sammeln und Zusatzinformationen einzuholen – denn eine Abfallstatistik enthält beispielsweise selten Angaben über die Abfallbehandlungsart, und im Falle von international tätigen Unternehmen können die Definitionen von gefährlichen Abfällen variieren.

Soziales:

Zwar liegt für Kennzahlen oft der Fokus von Unternehmen eher auf dem Bereich Umwelt und insbesondere den Treibhausgasemissionsberechnungen, jedoch ist der Bereich Soziales (und Governance für gute Unternehmensführung) nicht unberücksichtigt zu lassen. Wenn wir im Bereich der

---

79 Europäische Kommission, ESRS 2, E5-5.
80 Global Reporting Initiative, GRI 306: Abfall 2020. In: globalreporting.org, 29.3.2024, A8, A9.

eigenen Mitarbeiter bleiben, gibt es viele Stellen im Mitarbeiterlebenszyklus (vereinfacht dargestellt in nachfolgender Abbildung), die Unternehmen aus Nachhaltigkeits-/ESG-Gesichtspunkten messen können bzw. als Leistungsindikatoren zählen können.

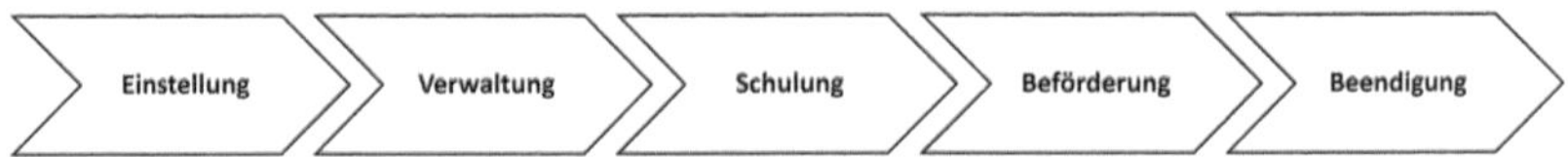

Abbildung 31: Vereinfachter Mitarbeiterlebenszyklus

An dieser Stelle greifen wir einen Punkt in diesem Zyklus auf. Im Bereich der Einstellung könnte ein Unternehmen mit dem Ziel, die Diversität im Unternehmen zu erhöhen, die nachfolgenden Initiativen anstoßen und diese anhand der beispielhaften Kennzahlen messen und entsprechend Ziele definieren.

Tabelle 13: Beispiele für Kennzahlen im Personalbereich Einstellung

Initiativen	**Kennzahl**	**Ziel**
Jobbeschreibungen neutral verfassen	% umgestellte Jobbeschreibungen	100%
Teilnahme an Jobmessen und anderen Initiativen (z.B. Girls days)	# Initiativen/Jahr	10
Nutzung von anonymen Bewerbungen	% der Positionen, für die anonyme Bewerbungen genutzt wurden	80%
Vorurteilsfreie Bewerbungsgespräche durch männliche und weibliche Teilnehmer an Bewerbungsgesprächen	% Bewerbungsgespräche mit „Doppelbesetzung“	75%

Es gibt auch etliche allgemeine Kennzahlen zur Anzahl der Mitarbeiter, zum Anteil Frauen/Männer/Diverse, zur Aufteilung in Altersgruppen, Kennzahlen zu Gehaltsunterschieden etc. Diese sind auch in den gängigen Nachhaltigkeitsberichtsanforderungen detailliert beschrieben.

Governance:

Auch dieser Bereich ist über Kennzahlen messbar und über Leistungsindikatoren steuerbar. Auch hier gibt es Inspiration in den gängigen Nachhaltigkeitsberichtsanforderungen. Von der Messung und Darstellung diverser

Kennzahlen bzgl. der Corporate Governance (wie viele Mitglieder gibt es im Aufsichtsrat, wie setzt sich dieser zusammen etc.) bis zum spezifischen Bereich Compliance ist alles dabei. Im Bereich Compliance ist es möglich, Kennzahlen zu durchgeführten Schulungen, Anzahl und Konsequenzen von Verstößen gegen bestimmte Gesetze (z.B. Datenschutz, Wettbewerbsrecht etc.) und vielem mehr zu erfassen und entsprechende Zielwerte zu definieren. Gerade die Zielsetzung ist in diesem Bereich vorsichtig zu bestimmen. Es wäre sicher unklug, ein definiertes, niedriges Ziel von Compliance-Meldungen zu bestimmen, da dies zu wenig wünschenswerten Effekten führen könnten – nämlich, dass die Führungsebenen Meldungen unterdrücken.

Verwendung von Software:

Wenn Unternehmen anfangen, sich mit diesen Kennzahlen bzw. Leistungsindikatoren auseinanderzusetzen, kann dies durchaus zunächst über einfache Tabellenverarbeitungsprogramme erfolgen. Schnell wird jedoch deutlich, dass dies keine dauerhafte Lösung sein kann. Zum einen, weil die Anzahl der geforderten Daten rasant steigt, aber auch, weil es recht einfach ist, Fehler zu machen, ein Veränderungsprotokoll nur bedingt geführt werden kann etc. Dann kommt schnell die Frage nach einer Software auf. Der Softwaremarkt hat sich in den letzten Jahren rasant entwickelt und es gibt alle möglichen Varianten auf dem Markt. So gibt es spezielle Software, die sich auf die Berechnung von (bestimmten) CO_2-Emissionen oder Kennzahlen in Bezug auf Lieferanten etc. fokussiert. Es gibt auch allgemeinere Lösungen, welche die Sammlung von Daten im Unternehmen unterstützen, einzelne programmierbare Berechnungen durchführen können und letztlich die Daten revisionssicher vorhalten. Ebenso gibt es Lösungen, welche (zusätzlich) die Umsetzung spezifischer Anforderungen unterstützen (z.B. ESRS, GRI, LkSG).

Empfehlenswert ist es, erst einmal einen Überblick über die Kennzahlen und Leistungsindikatoren zu schaffen, die für das jeweilige Unternehmen überhaupt notwendig sind und welche davon bereits zuverlässig (und revisionssicher) über andere Systeme zur Verfügung gestellt werden können. Für diejenigen, die es aktuell noch nicht gibt, empfiehlt es sich, diese vor dem Kauf irgendeines Systems erst einmal selbst zu ermitteln und zu berechnen – sprich, erst wenn ich meinen eigenen Bedarf genau kenne und damit die Anforderungen, kann ich am Markt sehen, welche Anwendung meinen Bedarfen wirklich gerecht wird. Nicht zu vernachlässigen sind auch die Fragen nach möglichen notwendigen Schnittstellen zu anderen Datenquellen und eventuell existierenden Erweiterungen zu bestehenden Softwarelösungen.

Anwendung auf die Spielz-Werke GmbH & Co. KG:

Frau Schulz realisiert, dass sie etliche Kennzahlen benötigt. Zum einen für die allgemeine Berichterstattung, aber auch ganz konkret als Leistungsindikatoren für die Messung der Umsetzung der neuen Nachhaltigkeitsstrategie. Die Definition und Beschreibung der Kennzahlen ist bereits eine Herausforderung, aber deren Relevanz und Verständlichkeit ist unabdingbar. Das allein reicht nicht, sie braucht auch definierte und dokumentierte interne Kontrollen, um die wahrheitsgetreue Darstellung, Vergleichbarkeit und Überprüfbarkeit sicherzustellen. Das ist auch definitiv etwas, das sie in dieser Gesamtheit nicht allein bewerkstelligen kann, und daher ist eine enge Zusammenarbeit mit den Fachbereichen gefordert. Von einer möglichen IT-Unterstützung in Form von spezifischer Software sieht sie erst einmal ab, weil es dafür einfach noch zu viele Unsicherheiten gibt.

In jedem Fall benötigen die Spielz-Werke eine vollständige **THG-Emissionsbilanz**. Zur Veranschaulichung der Berechnung von Emissionen hier ein paar konkrete Beispiele für den Hauptstandort in Deutschland:

Scope 1: Die Spielz-Werke produzieren direkte Emissionen durch die Firmenwagenflotte. Diese liefert Waren aus und es gibt auch einige Mitarbeiter, die einen Dienstwagen fahren (z.B. Außendienst). Des Weiteren gibt es eine Produktionshalle, die noch nicht an das Fernwärmenetz angeschlossen ist und für die Heizöl verwendet wird. Berechnen wir die Emissionen für diese beiden Kategorien:

Firmenwagen: Über diverse Tankkartenabrechnungen berechnet Frau Schulz, dass insgesamt 15.000 Liter Diesel und 10.000 Liter Benzin verbraucht worden sind. In Anwendung von Emissionsfaktoren eines verfügbaren Rahmenwerkes[81] ergibt sich folgende Rechnung:

Tabelle 14: Emissionsberechnungen Verbrauch Firmenwagen Spielz-Werke

Treibstoffart	Einheit	Berechnung
Diesel	CO_2e	= 15.000 l * 2,51 kg CO_2e/l = 37.650 kg CO_2e = **37,64** t CO_2e
Benzin	CO_2e	= 10.000 l * 2,1 kg CO_2e/l = 21.000 kg CO_2e = **21** t CO_2e

Heizöl: Über die Abrechnungen aus der Buchhaltung erfährt Frau Schulz, dass im Vorjahr 97.000 Liter Heizöl verbraucht worden sind. Da dies in Deutschland war, kann sie über das Bundesamt für Wirtschaft und Ausfuhr-

81 Hier: gov.uk, Greenhouse gas reporting: conversion factors 2023.

kontrolle erfahren, dass eine MWh Heizöl 0,266 t-CO_2 entspricht.[82] Des Weiteren erfährt sie dort, dass ein Liter Heizöl 9,94 kWh entspricht. Daraus ergibt sich:

Tabelle 15: Emissionsberechnung für Heizöl

Brennstoff	**Berechnung**
Heizöl	= 97.000 l x 9,94 kWh/l = 964.180 kWh = 964,18 MWh * 0,266 t-CO_2 = **256,5** t CO_2

Es stellt sich die Frage, wie aussagefähig diese Zahlen wären, wenn sie niedriger wären als im Vorjahr, denn dies könnte unterschiedliche Gründe haben. Die Firmenwagen haben vielleicht weniger verbraucht, weil es dem Unternehmen in diesem Jahr wirtschaftlich schlechter ging und weniger Auslieferungen gemacht worden sind, oder aus positiven Gründen, weil es immer mehr Elektrofahrzeuge gibt, die keinen anderen Treibstoff mehr benötigen. Ebenso könnte es sich beim Heizölverbrauch schlicht um einen wärmeren Winter handeln, der den Verbrauch reduziert hat, und nicht eine neue, effizientere Heizung. Es ist also wichtig, die Zahlen genau zu interpretieren und, wenn möglich, ins Verhältnis zu setzen (z. B. Emissionen pro gefahrenem Kilometer).

Scope 2: Für diesen Bereich sind sowohl Stromverbrauch als auch die Fernwärmeheizung des Verwaltungsgebäudes relevant. Für die Berechnung sind die „location-based“ und „market-based“ Emissionen zu unterscheiden. Für „location-based“ sind Emissionsfaktoren für den durchschnittlichen Strommix des Landes bzw. der Region zu verwenden, während „market-based“ die Emissionen für den tatsächlich gekauften Strom sind. In unserem Fall findet Frau Schulz heraus, dass im Vorjahr 2.000.000 kWh verbraucht worden sind. Sie findet einen Emissionsfaktor online für die „location-based“-Methode. Da die Spielz-Werke bereits 100 % ihres Stroms aus erneuerbaren Quellen beziehen und dies der Stromanbieter zertifiziert nachweisen kann, entfallen diese Emissionen (zumindest für den Scope 2).

Tabelle 16: Emissionsberechnung Strom

Strom	**Einheit**	**Berechnung**
Location-based	CO_2	= 2.000.000 kWh * 434 g CO_2e/kWh[82] = **868** t CO_2e
Market-based	CO_2	= 2.000.000 kWh * 0 g CO_2e = **0** t CO_2e

82 Bundesamt für Wirtschaft und Ausfuhrkontrolle, Informationsblatt CO_2-Faktoren, S. 8.

83 Statista, CO_2-Emissionsfaktor für den Strommix in Deutschland bis 2022. In: de.statista.com, 29.3.2024 (Wert für 2022).

Für die Emissionen der Fernwärme wendet sich Frau Schulz an den Anbieter, der die anzuwendenden Emissionsfaktoren übermittelt – schließlich variiert dieser von Fernwärmeanbieter zu Fernwärmeanbieter, abhängig von den genutzten Energiequellen (z. B. Anteil Kohle, Biogasanlagen etc.).

Scope 3: Für die Berechnung der Scope-3-Emissionen muss sich Frau Schulz erst einmal die Frage stellen, welche der 15 Kategorien überhaupt für die Spielz-Werke relevant sind. Dafür besagt das GHG-Protokoll, dass mindestens zwei der folgenden Kriterien erfüllt sein müssen:[84]

- Größe: Beitrag zu den gesamten Scope-3-Emissionen.
- Einfluss: Einfluss des Unternehmens auf Emissionsreduzierungen.
- Risiko: Beitrag zur Risikoexposition des Unternehmens.
- Stakeholder: Wird von Stakeholdern als relevant erachtet.
- Outsourcing: Aktivitäten, die ein Unternehmen früher selbst erbracht hat oder die andere Unternehmen im Sektor typischerweise selbst durchführen würden.
- Sector Guidance: Durch sektorspezifische Vorgaben gefordert.
- Ausgabe oder Umsatzanalyse: Aktivitäten, die hohe Ausgaben fordern oder hohen Umsatz generieren.
- Anderes.

Nach diversen Diskussionen und ersten Abschätzungen stellt Frau Schulz die folgende Dokumentation zusammen:

Tabelle 17: Evaluierung der Scope-3-Kategorien für die Spielz-Werke

	Kategorie	**Bewertung**
Upstream	1. Eingekaufte Waren und Dienstleistungen	Relevant, weil direkt beeinflussbar und großes Volumen
	2. Kapitalgüter	Relevant, weil direkt beeinflussbar und durch Einkäufe von Maschinen in der Produktion auch groß
	3. Energie- und brennstoffbezogene Aktivitäten	Relevant, weil direkt beeinflussbar und relevant für Stakeholder
	4. Vorgelagerter Transport und Distribution	Relevant, weil direkt beeinflussbar und großes Volumen
	5. Abfall	Relevant aufgrund von Einfluss und relevant für Stakeholder

84 Greenhouse Gas Protocol, Technical Guidance for Calculating Scope 3 Emissions (version 1.0), S. 12.

	Kategorie	Bewertung
	6. Geschäftsreisen	Relevant aufgrund von Einfluss und relevant für Stakeholder
	7. Mitarbeiterfahrten zum Unternehmen	Relevant aufgrund von Einfluss und relevant für Stakeholder
	8. Angemietete oder geleaste Sachanlagen	Nicht relevant, weil kein Leasing von Räumlichkeiten oder Sachanlagen stattfindet
Downstream	9. Nachgelagerter Transport und Distribution	Nicht relevant, weil geringe Größe und Beeinflussbarkeit
	10. Verarbeitung verkaufter Produkte	Nicht relevant, weil nur Fertigprodukte verkauft werden
	11. Gebrauch/Nutzung verkaufter Produkte	Relevant aufgrund von Einfluss und relevant für Stakeholder
	12. End-of-life-Treatment verkaufter Produkte	Relevant aufgrund von Einfluss und relevant für Stakeholder
	13. Vermietete oder verleaste Sachanlagen	Nicht relevant, weil keine Vermietung oder Leasing von Sachanlagen stattfindet
	14. Franchise	Nicht relevant, weil (noch) keine Franchises existieren
	15. Investitionen	Nicht relevant, weil keine Investitionstätigkeit erfolgt

Damit sind neun der 15 Kategorien für diesen Standort der Spielz-Werke relevant, und das sind wirklich viele, die es zu berechnen gilt, und die Einhaltung der Prinzipien Relevanz, Verständlichkeit, wahrheitsgetreue Darstellung, Vergleichbarkeit und Überprüfbarkeit sind teilweise herausfordernd.

Folgend ein paar Ideen für die Ermittlung:

Tabelle 18: Berechnungsideen für die Scope-3-Emissionen der Spielz-Werke

<table>
<tr><th>Kategorie</th><th>Berechnungsideen</th></tr>
<tr><td>1. Eingekaufte Waren und Dienstleistungen</td><td rowspan="2">Für diese beiden Kategorien gibt es mehrere Ansätze, jedoch zwei Beispiele:
1. Activity-Based-Methode: Bereitstellung der Emissionen durch die Lieferanten selbst. Dies ist gerade bei einer großen Anzahl von Lieferanten sehr aufwendig, und bisher können viele diese Zahlen noch nicht zuverlässig liefern. Auch ist bei gelieferten Zahlen Vorsicht geboten, weil die verwendeten Methoden nicht unbedingt alle Emissionen erfassen.
2. Spend-Based-Methode: Hier erfolgt eine Klassifizierung der Ausgaben des Unternehmens für eingekaufte Waren, Dienstleistungen und Kapitalgüter in Kategorien, für die es wiederum Emissionsfaktoren gibt (z. B. führt das GHG-Protokoll eine Liste auf seiner Webseite[84]). Die Auswahl der richtigen Datenbank ist wichtig, da die Ergebnisse stark variieren können.
Es ist möglich, die Methoden zu mischen, jedoch sollten Unternehmen immer nach der zuverlässigsten Methode streben, also zunächst die Emissionen, die zuverlässig durch Lieferanten bereitgestellt werden können, und dann die Schätzung der restlichen Emissionen durch den Spend-Based-Ansatz.</td></tr>
<tr><td>2. Kapitalgüter</td></tr>
<tr><td>3. Energie- und brennstoffbezogene Aktivitäten</td><td>Die in Scope 1 und 2 ermittelten Energiequellen verursachen Emissionen (z. B. erzeugt auch erneuerbare Energie indirekte Emissionen wie für die Herstellung von Windrädern oder Solaranlagen, ebenso muss Diesel für Fahrzeuge gefördert, raffiniert und transportiert werden). Entsprechende Emissionsfaktoren können in diversen Rahmenwerken oder bei den Produzenten (z. B. für Fernwärme oder Strom) angefragt werden. Die Verbräuche aus den Berechnungen des Scope 1 und Scope 2 würden dann mit den entsprechenden Faktoren multipliziert.</td></tr>
<tr><td>4. Vorgelagerter Transport und Distribution</td><td>Dies umfasst die Rohstoff- und Warenlieferungen an die Spielz-Werke. Hier gilt es die Distanzen, verwendeten Fahrzeuge, Anzahl der Fahrten etc. zu ermitteln und mit den entsprechenden Koeffizienten zu multiplizieren (z. B. X Kilometer mit dem LKW einer bestimmten Art, multipliziert mit dem Emissionsfaktor für Kilometer durch LKW dieser Art).</td></tr>
<tr><td>5. Abfall</td><td>Die Spielz-Werke erhalten eine jährliche Abfallbilanz durch den Entsorger. Die Mengen pro Abfallart sind mit den entsprechenden Emissionsfaktoren zu multiplizieren, um die Emissionen zu ermitteln.</td></tr>
</table>

85 Greenhouse Gas Protocol, Life Cycle Databases, 29.3.2024.

6. Geschäftsreisen	Ermittlung der durchgeführten Dienstreisen, deren Distanzen, Transportmittel etc. sowie die Anzahl der durchgeführten Übernachtungen. Diese sind dann mit den entsprechenden Emissionsfaktoren zu multiplizieren.
7. Mitarbeiterfahrten zum Unternehmen	Durchführung einer Mitarbeiterumfrage, um die Art des Transports, die durchschnittlichen Kilometer und Arbeitstage zu ermitteln und darüber eine Schätzung der Gesamtkilometer pro Verkehrsmittel zu bestimmen und mithilfe entsprechender Emissionsfaktoren die Gesamtemissionen ermitteln.
11. Gebrauch/ Nutzung verkaufter Produkte	Eventuell elektrisch betriebene Spielzeuge verursachen Emissionen durch ihre Nutzung. Es gilt, die durchschnittliche Lebenszeit und den durchschnittlichen Energiebedarf für diese Lebenszeit zu ermitteln und mit den relevanten Emissionskoeffizienten zu multiplizieren. Ebenso könnte es notwendig sein, bei Nutzung von Batterien herauszufinden, wie viele in der Lebenszeit benötigt werden und welche Emissionen damit im Zusammenhang stehen.
12. End-of-life-Treatment verkaufter Produkte	Die Spielz-Werke berechnen bereits die Verpackungsmengen für die Berichterstattung unter dem Verpackungsgesetz. Zudem kennt die Produktion die Mengen und Arten der Materialien verkaufter Produkte. Unter Berücksichtigung entsprechender Emissionsfaktoren ist es möglich, die Gesamtsumme der Emissionen zu berechnen.

Nachfolgend eine mögliche Darstellung der Emissionsbilanz:

Tabelle 19: Emissionsübersicht der Spielz-Werke

Scope	**Emissionsquelle**	**Präzisierung**	**Einheit**	**Emissionen in t-CO_2e**
1	Firmenwagen	Diesel	CO_2e	37,6
		Benzin	CO_2e	21,0
	Heizung	Heizöl	CO_2e	256,5
2	Strom	location-based	CO_2	868
		market-based	CO_2	0
	Heizung	Fernwärme		…
3	1. Eingekaufte Waren und Dienstleistungen			…
	2. Kapitalgüter			…

Scope	Emissionsquelle	Präzisierung	Einheit	Emissionen in t-CO_2e
	3. Energie- und brennstoffbezogene Aktivitäten			…
	4. Vorgelagerter Transport und Distribution			…
	5. Abfall			…
	6. Geschäftsreisen			…
	7. Mitarbeiterfahrten zum Unternehmen			…
	11. Gebrauch/Nutzung verkaufter Produkte			…
	12. End-of-life-Treatment verkaufter Produkte			…
	Gesamt			**XXXX**

Nicht vergessen darf Frau Schulz, noch den Inventory-Management-Plan zu schreiben. Das ist eine Anforderung des GHG-Protokolls und eine Art Prozessbeschreibung für die verwendeten Berechnungsmethoden, Herangehensweise, Datenquellen etc.

Das war doch recht viel Arbeit, um erst einmal zu verstehen, welche Emissionen die Spielz-Werke verursachen und wie hoch sie sind. Damit ist es möglich, das Ziel der Emissionsreduzierung aus der Nachhaltigkeitsstrategie konkreter zu bestimmen und umzusetzen, weil die Ursachen klarer bestimmt sind. Um sicherzugehen, dass das Ziel den Vorgaben des Pariser Abkommens entspricht, beschließen die Spielz-Werke, die Entwicklung und Validierung der Ziele über SBTi anzustoßen.

Aber damit hört die Arbeit natürlich nicht auf. Entsprechend arbeitet sich Frau Schulz mit den Kollegen durch die restlichen Themengebiete (Abfall, Personal, Compliance etc.) und definiert die entsprechenden Kennzahlen und deren Dokumentation.

Zwischenfazit

Kennzahlen sind unabdingbar, um Dinge messbar zu machen und zu verstehen. Leistungsindikatoren sind Kennzahlen, die gezielt die Umsetzung von Nachhaltigkeitsinitiativen begleiten und steuern. Unternehmen müssen viele Kennzahlen auch für externe Stakeholder bereitstellen, auch wenn sie diese selbst intern nicht weiterverwenden. So kann es sein, dass ein Unternehmen den Stromverbrauch erhebt, um eine Reduktion über implementierte Maßnahmen messen zu können, benötigt diese Angabe jedoch auch zur Berechnung seiner Emissionen für die externe Berichterstattung. Für viele Kennzahlen ist es wichtig, sie ins Verhältnis zu etwas zu setzen, um andere Effekte herauszufiltern (z. B. Emissionen pro Einheit oder Menge an produzierten Abfällen pro Mitarbeiter oder Produkt). Die Definition von Zielen ist wichtig, muss jedoch vorsichtig erfolgen, um keine unerwünschten Nebeneffekte zu erzeugen.

Bei der Auswahl und Definition der Kennzahlen ist es hilfreich, sich auf bestehende Rahmenwerke bzw. Anforderungen zu stützen, da dies unter Umständen doppelte Arbeit vermeidet und Vergleichbarkeit schafft. Für die Auswahl der richtigen Rahmenwerke ist es hilfreich, sich zunächst einmal daran zu orientieren, welche Verpflichtungen sowieso bestehen (z. B. Pflicht zur Nachhaltigkeitsberichterstattung nach einem bestimmten Rahmen oder einer gesetzlichen Vorschrift, wie der CSRD). Zudem sind die Anforderungen der Stakeholder zu berücksichtigen. Zusätzlich können andere Unternehmen des gleichen Sektors Inspiration liefern. Nicht zu vergessen ist es, die Definitionen gut zu dokumentieren, um eine Konsistenz der Daten sicherzustellen, interne Kontrollen einzurichten und über technische Lösungen zur Sammlung, Berechnung, Kontrolle und Archivierung nachzudenken.

8.4.3 Interne Revision vs. Externe Prüfung

Sowohl die Interne Revision als auch die externen Prüfer können und sollten Teil der Überprüfung und Überwachung des Nachhaltigkeitsmanagementsystems sein. Mit der Internen Revision gibt es bereits Schnittstellen, wie im Unterkapitel 6.2.5 betrachtet. So umfassen die Prüfungs- und Beratungsleistungen der Internen Revision auch Nachhaltigkeitsthemen – vom begleitenden Aufbau eines Nachhaltigkeitsmanagementsystems bis zur Durchführung von Prüfungen, da hier wichtige Unternehmensrisiken liegen und diese das Fundament der Revisionsplanung sind. Die Frage ist jedoch, was genau der Prüfungsinhalt sein soll.[86] Es ist denkbar, dass eine Prüfung von Elementen des Managementsystems erfolgt, z. B. eine Prüfung der Wesentlichkeitsanalyse, der ESG-Risikoidentifikation und -bewertung oder der KPIs und Zielsetzungen (qualitativ/quantitativ, sind sie akkurat, relevant, vollständig und aktuell etc.). Denkbar ist auch eine Prüfung (von Teilen) des Nachhaltigkeitsberichts. Andererseits kann auch die Prüfung der Umsetzung bestimmter Initiativen und Daten erfolgen (quantitativ wie qualitativ).

86 Nachfolgende Ideen u. a. aus: The Institute of Internal Auditors, Internal Audit's role in ESG reporting, S. 5 ff.

Insgesamt stellt sich die Frage, ob eine solche Prüfung rein formal erfolgt oder auch die Effektivität geprüft wird. Zum Beispiel könnte eine Prüfung des Nachhaltigkeitsberichts rein formal prüfen, ob das Unternehmen die rechtlichen Vorgaben (z. B. CSRD/ESRS) der Nachhaltigkeitsberichterstattung einhält, ob sie konsistent und widerspruchsfrei zur finanziellen Berichterstattung ist oder ob ein gewähltes Rahmenwerk passend für das Unternehmen ist. Eine Prüfung der Effektivität würde zum Beispiel prüfen, ob die internen Kontrollen zur Ermittlung der Informationen tatsächlich funktioniert haben.

Die Interne Revision übt in ihrer Tätigkeit insofern eine Art von Überwachung durch, als sie ein Sparringspartner für die Funktionen ist, die sie unterstützt, und somit auf Probleme frühzeitig hindeuten kann.

Mit externer Prüfung ist hier zunächst die Prüfung durch Wirtschaftsprüfer im Rahmen der Jahresabschlüsse bzw. der Nachhaltigkeitsinformationen gemeint. Die Wirtschaftsprüfer beschränken ihre Prüfung auf die Berichterstattung. Bisher war dies eine rein formale Prüfung nach dem CSR-RUG für die (wenigen großen) davon betroffenen Unternehmen. Das ändert sich nun mit der CSRD und ihren ESRS, welche zum einen die Anzahl der betroffenen Unternehmen stark erhöht, zum anderen aber den Prüfungsumfang und die Prüfungsart. Die formelle Prüfung ist zunächst auf eine Prüfung mit begrenzter Sicherheit („Limited Assurance") beschränkt, die später zu einer Prüfung mit hinreichender Sicherheit („Reasonable Assurance") ausgeweitert werden soll. Diese Art der Prüfung ist für ein Unternehmen in der Sicht nach außen sehr wichtig; treten jedoch Probleme zu diesem Zeitpunkt auf, ist es in der Regel zu spät, sie vor dem Testat zu lösen. Es bietet sich daher an, bereits Überprüfungen und Überwachungsmaßnahmen im Vorhinein durchzuführen.

Abgesehen von den Prüfungen der Wirtschaftsprüfer im Rahmen der Nachhaltigkeitsberichterstattung sind auch weitere externe Prüfungen möglich. Beispielsweise gibt es eine große Auswahl an Unternehmen, die Prüfungen des Nachhaltigkeitsmanagementsystems, der Strategie oder von Teilen davon anbieten. Denkbar sind auch Prüfungen ganz bestimmter Elemente, wie die Prüfung der THG-Bilanz.

Aber was bedeutet das für Sie als Nachhaltigkeitsbeauftragten? Zunächst müssen Sie einfach wissen, dass Überprüfungen wichtig sind und Sie ohne eine Überwachung Ihres Managementsystems Gefahr laufen, dass die Dinge nicht so umgesetzt werden, wie Sie sich das vorstellen. Es obliegt dann Ihnen (und Ihrer Unternehmensleitung), wer welche Art von Überprüfungs- und Überwachungsmaßnahmen zu welchem Zeitpunkt durchführt. Idealerweise stimmen Sie entsprechende Prüfpläne mit anderen Parteien wie der Internen Revision oder vielleicht auch dem Einkauf bei Geschäftspartnerprüfungen ab, um Doppelarbeit zu vermeiden und vielleicht von der Methodenkompetenz der Kollegen zu profitieren.

8.4.4 Hinweisgebersystem/Beschwerdestelle

Hinweisgebersysteme bzw. Beschwerdestellen dienen Unternehmen ebenso wie öffentlichen Stellen als eine Möglichkeit, über (potenzielle) Missstände zu erfahren. Solche Mängel im Bereich Nachhaltigkeit/ESG umfassen beispielsweise Themen wie Nichteinhaltung gewisser Umwelt- oder Sozialstandards bei Geschäftspartnern oder an bestimmten Unternehmensstandorten, Nichteinhaltung von Regeln im Bereich Arbeitssicherheit, Mobbing etc. Es ist auch zu argumentieren, dass solche Systeme einen präventiven Charakter haben, weil ihre reine Präsenz die Gefahr der Aufdeckung erhöht und Täter daher abschrecken könnte.

Im Idealfall sollten Mitarbeiter solche Hinweise über den direkten Vorgesetzten, die Nachhaltigkeitsabteilung, die Personalabteilung oder andere betroffene Bereiche melden können. Manchmal ist dies aus Sicht des Hinweisgebers nicht möglich und daher sollten Unternehmen den Hinweisgebern andere Möglichkeiten der Kommunikation zur Verfügung stellen. Das Format kann stark variieren – von Briefkästen und Telefonhotlines bis zu web-basierten Anwendungen ist alles denkbar.

Es ist ebenso möglich, diese Kanäle auch für unternehmensexterne Personen zu öffnen. Dies ermöglicht es dem Unternehmen, Informationen über (mögliche) Missstände zu erlangen, die externen Personen wie Lieferanten oder anderen Geschäftspartnern auffallen oder die bei Geschäftspartnern für Aufträge des Unternehmens entstehen.

Hinweisgebersysteme sind nichts Neues. Bereits 2002 wurden diese durch die Sec. 301 des Sarbanes-Oxley-Act in den USA verpflichtend, als Verfahren, die eine anonyme Meldung von Bedenken durch Mitarbeiter hinsichtlich eines möglichen Fehlverhaltens ermöglichen. Der Dodd-Frank-Act aus dem Jahr 2010 und ebenfalls aus den USA bietet laut Sec. 922 gar eine Belohnung für eine Meldung an die Securitiy and Exchange Commission (SEC), die amerikanische Börsenaufsicht. Seit dem Jahr 2014 gibt es in Deutschland eine Pflicht zur Einführung für Kreditinstitute (§ 25a Abs. 1 Satz 6 Nr. 3 KWG) und mittlerweile gibt es von Seiten der EU eine EU-Richtlinie zum Schutz von Hinweisgebern. Unternehmen, die unter das Lieferkettensorgfaltspflichtengesetz fallen, erweitern oft entsprechend ihr Hinweisgebersystem um diese Aspekte. Die Notwendigkeit für einen Beschwerdemechanismus ergibt sich für manche Unternehmen aber auch aus freiwilligen Selbstverpflichtungen. Als Beispiel sei hier das Textilsiegel

„Grüner Knopf“ genannt,[87] das für die Kriterien zur Einhaltung unternehmerischer Sorgfaltsprozesse auch die Einrichtung von Beschwerdemechanismen fordert.

Wenn ein Unternehmen ein Hinweisgebersystem einführen möchte, ist es wichtig, verschiedene Aspekte zu bedenken. Zunächst muss das Unternehmen entscheiden, ob nur interne oder auch externe Personen Hinweise berichten dürfen und in welchen geografischen Regionen das System zur Verfügung stehen soll. Weiterhin bieten die verschiedenen Systeme unterschiedliche Grade der Anonymität. Wenn es eine hinweisgebende Person aus irgendeinem Grund nicht für möglich erachtet, namentlich solche möglichen Missstände zu kommunizieren, bieten viele Unternehmen auch anonyme Systeme an. Inwiefern es dann für das individuelle Unternehmen möglich ist, diese Hinweise wirklich vertraulich zu behandeln, ist unter den jeweils gültigen Gesetzen (z. B. zum Datenschutz) zu klären. In punkto Internationalität ist es auch zu überlegen, in welchen Sprachen der Kanal bzw. die Kanäle verfügbar sind. Sollen auch Personen in Zusammenhang mit Lieferanten in fernen Ländern Hinweise geben können, so ist mindestens die englische Sprache anzubieten, und Übersetzungsmöglichkeiten für die Bearbeiter von Hinweisen sind notwendig. Der Punkt Internationalität bringt auch eine andere Thematik mit sich und das ist die Erreichbarkeit. Je nach Unternehmensgröße, Anzahl der Standorte, möglicher Öffnung des Kanals nach außen oder auch Präsenz in unterschiedlichen Zeitzonen muss das Hinweisgebersystem erreichbar sein. Dies ist möglich über eine unabhängige Meldemöglichkeit (z. B. Webplattform) oder das Angebot mehrerer Meldekanäle (z. B. auch Briefkasten, Hotline). Die Einhaltung aller relevanten Datenschutzvorgaben und anderer rechtlicher Vorgaben (z. B. zum Hinweisgeberschutz) sind natürlich auch bei der Einrichtung zu beachten. Und das beste System nutzt nichts, wenn es nicht genutzt wird. Insofern muss auch die (kontinuierliche) Kommunikation hinsichtlich der Existenz und des Nutzens dieses Systems erfolgen.

8.4.5 Sanktionen

Sollten Überprüfungen auf Fehlverhalten hindeuten, müssen gegebenenfalls Sanktionen greifen. Geschieht dies nicht, kann dies zu einer Wiederholung oder Nachahmung führen. Jede Sanktion muss angemessen sein und die konkreten Umstände des Fehlverhaltens berücksichtigen. Sprich, wenn das Fehlverhalten erstmalig auftrat, unabsichtlich erfolgte und keine Schulung stattfand, sollte die Sanktion sicher milder ausfallen als im gegenteiligen

87 Geschäftsstelle Grüner Knopf, Überblick Kriterien | Grüner Knopf. In: gruener-knopf.de, 26.3.2024.

Fall. Wichtig ist auch, dass Unternehmen ähnliche Fehlverhalten auch ähnlich ahnden, um als angemessen empfunden zu werden.

8.5 Zertifizierungen und Benchmarks

Abgesehen von individuellen Prüfungen, wie in 8.4.3 beschrieben, gibt es eine ganze Reihe möglicher Zertifizierungen und Benchmarks im Bereich Nachhaltigkeit. Diese Zertifizierungen können sich auf einzelne Produkte, Prozesse, Bereiche oder das gesamte Unternehmen beziehen. Eine ganz kurze Auswahl:

- EcoVadis:[88] EcoVadis bietet Nachhaltigkeitsbewertungen an. Es handelt sich dabei nicht um eine Zertifizierung, sondern um eine Bewertung des Nachhaltigkeitsmanagementsystems des Unternehmens insgesamt. Die besten Unternehmen im Vergleich zu den anderen erhalten Medaillen.
- B Corporation (B Corp): Ist eine Zertifizierung für Unternehmen und nicht einzelne Produkte, die deren soziale und ökologische Ausrichtung auszeichnet. Sie verlangt unter anderem eine Verankerung der Stakeholderinteressen in der Unternehmenssatzung.
- Grüner Knopf:[89] Ist ein staatliches Siegel für nachhaltige Textilien. Die Überprüfung umfasst die Prüfung des Unternehmens als Ganzem sowie eine Prüfung des jeweiligen Produktes. Es fordert bspw. eine Analyse der Risiken in der Lieferkette, ein Beschwerdesystem etc.
- Zudem gibt es eine Reihe von ISO-Normen, aber keine für ein generell zertifiziertes Nachhaltigkeitsmanagementsystem. Die ISO 26000 kommt dem am nächsten, sie ist jedoch nicht zertifizierungsfähig. Sie dient als Orientierung und Anleitung zur Ausgestaltung des Managementsystems nach den Handlungsmöglichkeiten gesellschaftlicher Verantwortung (CSR/Corporate Social Responsibility) und gemäß Nachhaltigkeitsstandards. Daneben gibt es noch zertifizierbare ISO-Normen für bestimmte Themen: ISO 14001 zum Umweltmanagementsystem, ISO 37301 für Compliance-Management-Systeme, ISO 45001 zum Arbeitsschutz und die ISO 50001 zum Energiemanagement. Die ISO 20400 zur nachhaltigen Beschaffung ist wiederum nicht zertifizierbar.

Allein an dieser sehr kurzen Auswahl (an dieser Stelle sei die Nutzung einer Internetsuchmaschine empfohlen, um einen besseren Überblick über die Breite des Angebots zu gewinnen) ist zu sehen, dass es ziemlich aufwendig

88 EcoVadis, EcoVadis Medaillen und Abzeichen: Anerkennung für die Leistungen unserer Kunden. In: resources.ecovadis.com, 27.4.2024.

89 Geschäftsstelle Grüner Knopf, Überblick Kriterien | Grüner Knopf. In: gruener-knopf.de, 26.3.2024.

ist, die jeweiligen Kriterien zu erfüllen, die Prüfprozesse zu durchlaufen und das regelmäßig immer wieder. Daher ist es extrem wichtig, Vorsicht bei der Auswahl des/der richtigen Rahmenwerke, Benchmarks, Zertifizierungen etc. walten zu lassen. Einerseits helfen sie, die Arbeit bzw. die Anforderungen zu strukturieren, andererseits gibt es so viele verschiedene, die für unterschiedlichste Bedürfnisse und Stakeholder relevant sind. Insofern ist es wichtig, vorab zu analysieren, ob es wirklich notwendig ist, so etwas zu verfolgen, und wenn ja, wie viele. Bei der konkreten Auswahl sind die Bedürfnisse der Stakeholder wie Investoren und Kunden (B2C und B2C) ebenso zu berücksichtigen wie die verfügbaren Ressourcen, denn der Zeitaufwand zur dauerhaften Erfüllung der Anforderungen ist nicht zu unterschätzen. Eine gute Idee ist es auch hier, zu schauen, was der Wettbewerb macht.

8.6 Fazit

Die Entwicklung der Nachhaltigkeitsstrategie und ihre Umsetzung in einem Nachhaltigkeitsmanagementsystem ist die Kernaufgabe eines Nachhaltigkeitsbeauftragten oder zumindest die Zuständigkeit für einen Teil davon. Es ist ersichtlich, dass dies nur gelingen kann, wenn Sie folgende Kernpunkte beachten:

- „Tone from the top“: Ohne die Unterstützung bzw. Beteiligung der Unternehmensleitung (und der Eigentümer) wird es nicht klappen.
- Fokus auf die Vorarbeit: Die Analysephase mit Wesentlichkeitsanalyse ist der Dreh- und Angelpunkt für die Bestimmung der wesentlichen Themen und somit die Ausrichtung der Strategie. Es ist wichtig, diese Arbeit unter Einbindung aller relevanten internen wie externen Stakeholder durchzuführen und genügend Zeit einzuplanen.
- Bestimmung der Zielrichtung/des Ambitionslevels: Es ist nicht möglich, ohne eine klare Abstimmung und Vorgabe des Ambitionslevels bzw. der Zielrichtung eine Nachhaltigkeitsstrategie sinnvoll zu erarbeiten.
- Alle Bausteine sind wichtig: Stellen Sie sicher, kein Element des Managementsystems für die Umsetzung der Nachhaltigkeitsstrategie unbeachtet zu lassen. Das Ganze wird weder funktionieren, wenn die Unterstützung der Unternehmensleitung und Führungskräfte fehlt, noch wenn die Ziele und wesentlichen Themen nicht bekannt sind, noch wenn es kein richtiges Programm und Initiativen gibt, und genauso wenig, wenn das Programm nicht über Kommunikation und Schulung implementiert und anschließend überwacht und überprüft wird.
- Verwenden Sie, was da ist: Ganz viele Dinge existieren schon im Unternehmen und müssen nicht neu erfunden werden. Seien es vorhandene Ma-

terialien oder seien es Methoden wie zum Beispiel im Risikomanagement (z. B. Risiken und Bewertungsmethode für Risiken).

- Verwenden Sie Rahmenwerke oder gesetzliche Vorgaben: Erleichtern Sie sich die Arbeit und erfinden Sie nichts Neues, wenn es das schon gibt – von der Vorgehensweise zur Wesentlichkeitsanalyse bis zur Definition der Kennzahlen.
- Delegation: Niemand kann all diese Aufgaben wahrnehmen. Delegation und Abstimmung sind essenziell.
- Zertifizierung & Co.: Achten Sie darauf, sich nicht zu viel aufzubürden.

9. Lieferketten und andere Geschäftspartner

Das Thema Lieferketten und die damit in Verbindung stehenden Geschäftspartner wurden bereits an vielen Stellen dieses Buchs erwähnt. So sind diese in mehrfacher Hinsicht zu berücksichtigen, zum Beispiel:

- in der internen Analyse als Teil der Wertschöpfungskette (siehe auch → Unterkapitel 8.1.1),
- als Stakeholder in der Bestimmung der wesentlichen Themen (siehe auch → Unterkapitel 8.1.3),
- als mögliche Quelle für Hinweise in das Hinweisgebersystem (siehe auch → Unterkapitel 8.4.4),
- als Objekt für gesetzliche Vorschriften, zum Beispiel im LkSG, der EU-CSDDD, dem CBAM, der EU-DR etc. (siehe auch → Kapitel 4),
- als Informationsquelle für die Berechnung von Kennzahlen und Leistungsindikatoren (siehe auch → Unterkapitel 8.4.2).

Das ist absolut notwendig, da ein Unternehmen ohne sie nicht funktionieren wird. Die Auswirkungen, Risiken und Chancen hinsichtlich der Themen Umwelt, Soziales und gute Unternehmensführung müssen Lieferketten und andere Geschäftspartner einschließen, da sie im unmittelbaren Zusammenhang mit der Unternehmenstätigkeit stehen und es natürlich nicht möglich sein sollte, negative Auswirkungen hier „auszulagern".

Die Lieferketten und anderen Geschäftspartner sind unumgänglich mit der Umsetzung der Nachhaltigkeitsstrategie sowie gesetzlicher Vorschriften verbunden. Ganz praktisch gehen Unternehmen oft wie folgt vor:

9.1 Geschäftspartnerprüfung

Bevor eine Beziehung zu einem Geschäftspartner eingegangen wird, und regelmäßig danach erfolgt eine Prüfung des Unternehmens und der mit ihm in Verbindung stehenden Personen. Diese Prüfung ist grundsätzlich nichts Neues, denn bereits in der Vergangenheit wurden Themen wie die finanzielle Situation des Unternehmens überprüft, bevor ein Vertrag abgeschlossen wurde. Die Breite der Prüfung hat sich über die Jahre durch gesetzliche Anforderungen bereits stark erweitert. Für Unternehmen, die mit der Verarbeitung personenbezogener Daten beauftragt werden sollen, erfolgt bereits eine Überprüfung hinsichtlich ihrer technischen und organisatorischen Maßnahmen zum Schutz dieser Daten. Sanktionslistenüberprüfungen haben durch aktuelle geopolitische Geschehnisse auch nochmal eine ganz neue Bedeutung gewonnen und gesetzliche Regelungen wie das LkSG, die EU-CSDDD oder der UK Modern Slavery Act erfordern eine Risikoanalyse der

Geschäftspartner und weitergehende Überprüfungen. Aber auch ohne LkSG und EU-CSDDD gibt es Unternehmen, die weitere Prüfungen zu Nachhaltigkeitsaspekten (z. B. Einhaltung von Umweltauflagen, Zielsetzungen zur Emissionsreduzierung, Einhaltung von Menschenrechten etc.) durchführen wollen. Dies führt dazu, dass eine ganze Reihe an Fachbereichen Prüfungen machen sollen bzw. wollen und dies sowohl zu einer hohen Belastung für das Unternehmen selbst wie auch für die Geschäftspartner führt.

Viele Unternehmen lösen dies mittlerweile über fachbereichsübergreifende Geschäftspartnerprüfprozesse, die oft IT-gestützt sind. Hier entwickeln die Fachbereiche gemeinsam notwendige Kriterien für die Überprüfung von Geschäftspartnern, beispielsweise über ein Risikomodell. Dieses Modell erlaubt es dem Unternehmen dann, die Tiefe und Art der Überprüfung vom Ergebnis der Risikoevaluierung abhängig zu machen, sprich, tiefer gehende Überprüfung bei Hochrisikolieferanten und weniger Prüfung bei Niedrigrisikolieferanten. Es ist eine Herausforderung, dieses Risikomodell sinnvoll auf das Unternehmen zuzuschneiden. Typischerweise würde eine Bewertung zum Beispiel folgende Aspekte mit aufnehmen (hier vor allem aus Nachhaltigkeitssicht):

- **Land**: Das Land, in dem der Geschäftspartner ansässig ist bzw. aus dem heraus er die Produkte und Dienstleistungen anbietet, kann bereits ein Indikator für eventuelle Risiken darstellen. So ist in Entwicklungsländern eher mit Problemen wie der Nichteinhaltung von Menschenrechten, Zwangs- und Kinderarbeit zur rechnen und ebenso mit einer erhöhten Wahrscheinlichkeit für Korruption. Unternehmen können eine Risikoklassifizierung für den Aspekt „Land“ aus verschiedenen Länderindizes ableiten (z. B. Global Slavery Index von Walk Free[90], Corruption Perception Index von Transparency International[91]).
- **Sektor**: Der Sektor, in dem der Geschäftspartner tätig ist, kann ebenfalls bereits ein Indikator für eventuelle Risiken darstellen. So ist in manchen Sektoren eher mit Problemen wie der Nichteinhaltung von Menschenrechten, Zwangs- und Kinderarbeit zur rechnen und ebenso mit einer erhöhten Wahrscheinlichkeit für Korruption etc. Auch hierfür sollten Unternehmen eine eigene Klassifizierung vornehmen, ggf. angelehnt an vorhandene Indizes.
- **Sanktionslistenüberprüfung etc.**: Es ist verboten, mit bestimmten Personen, Unternehmen etc. Geschäfte zu betreiben. Leider ist es manchmal nicht so offensichtlich, wer „hinter“ einem Unternehmen steht. Zu denken

90 Walk Free, Global Slavery Index. In: walkfree.org, 28.4.2024.

91 Transparency International, 2023 Corruption Perceptions Index. In: transparency.org, 28.4.2024.

ist hier an die wirtschaftlich Berechtigten, die teilweise recht versteckt in komplizierten Unternehmensstrukturen stecken können.

- **Negative/adverse Medien**: Dies umfasst eine Prüfung von Pressemitteilungen und Nachrichten rund um den Geschäftspartner, die darauf hinweisen könnten, dass unlautere Geschäftspraktiken geschehen.

Natürlich ist es möglich, noch viel mehr zu prüfen. Weitere Möglichkeiten umfassen (mögliche) Gerichtsverfahren bzw. Verurteilungen, Vorfälle in punkto Datenschutz etc. Es wird schnell deutlich, dass eine Überprüfung all dieser Aspekte kaum von einer Person allein und in den meisten Fällen aufgrund der hohen Anzahl von Geschäftspartnern auch kaum ohne Unterstützung eines Systems abzubilden ist.

Ganz wichtig: Ein höheres Risiko bedeutet nicht, dass kein Geschäft möglich ist! Es ist lediglich ein Indikator dafür, dass eine weitergehende Überprüfung (z.B. durch Fragebögen, Überprüfung von Zertifizierungen, Prüfungen vor Ort etc.) durchgeführt werden sollte und eventuell vertragliche Regelungen zur Absicherung notwendig sein könnten. Da diese Art der intensiven Prüfung jedoch nicht für jeden Geschäftspartner erfolgen kann (und sollte), hilft die Anwendung eines Risikomodells, den Kreis einzuschränken.

Nicht zu vergessen ist es, diese Überprüfung auch im Laufe der Geschäftsbeziehung zu wiederholen. Dies kann abhängig vom festgestellten Gesamtrisiko erfolgen (z.B. Geschäftspartner mit niedrigem Risiko alle zwei Jahre, mit mittlerem Risiko jedes Jahr und mit hohem Risiko halbjährlich). Idealerweise sollte auch eine anlassbezogene Überprüfung erfolgen, z.B. wenn Kenntnis zu wesentlichen Veränderungen oder Vorkommnissen (z.B. Meldung über das Hinweisgebersystem) erlangt wird. Auch hierfür gibt es technische Lösungen, die bei Veränderungen in Sanktionslisten oder bei neuen Presseberichten automatisch Meldungen verschicken.

Insgesamt sollten Unternehmen daher ihren Geschäftspartnerprüfprozess unternehmensindividuell ausgestalten. Sie sollten vermeiden, einen losgelösten Prozess nur für Nachhaltigkeitsaspekte aufzusetzen und eher bestehende Prozesse berücksichtigen bzw. diese Aspekte hier mit integrieren. Eine enge Zusammenarbeit vor allem mit dem Einkauf ist hier notwendig, aber ebenso mit dem Datenschutzbeauftragten, der IT-Sicherheit, Compliance etc. Da Geschäftsbeziehungen mit Lieferanten über den Einkauf laufen, empfiehlt es sich, dass dieser den Prozess anstößt und bei Bedarf andere Funktionen mit involviert.

9.2 Verhaltenskodex für Geschäftspartner

Wenn sich Ihr Unternehmen gewissen Prinzipien und Werten verschrieben hat, möchte es wahrscheinlich auch, dass diese ebenso für die Geschäftspartner gelten. Eine Möglichkeit, dies sicherzustellen, ist ein Verhaltenskodex für Geschäftspartner. Dieser wird idealerweise zusätzlich zum Vertrag vom Geschäftspartner anerkannt und beinhaltet meist Themen wie:

- Einhaltung von Gesetzen und Verordnungen: Oft wird eine Nulltoleranz für Gesetzesverstöße verlangt und werden speziell gesetzliche Regelungen wie das Kartell- und Wettbewerbsrecht, Antikorruption und Geldwäsche erwähnt.
- Ethisches und korrektes Verhalten: Fordert entsprechendes Verhalten und enthält manchmal Regelungen zum Umgang mit Schmiergeldzahlungen, Geschenken und Einladungen etc.
- Arbeitsbedingungen: Umfasst Themen wie die Einhaltung von Menschenrechten, keine Zwangs- und Kinderarbeit, keine Diskriminierung etc.
- Interessenkonflikte: Verlangt die Vermeidung von Interessenkonflikten im Zusammenhang mit der Ausführung des Vertrages.
- Meldungen rechtswidrigen oder unethischen Verhaltens: Beschreibt die Meldekanäle (z. B. Hinweisgebersystem) zur Meldung von Hinweisen.
- Möglichkeiten der Überprüfung: Führt auf, über welche Mittel das Unternehmen sich vorbehält, die Angaben zu überprüfen (z. B. Fragebögen, Zertifizierungen, Begehungen/Prüfungen vor Ort).
- Maßnahmen im Fall einer Nichteinhaltung: Führt meist auf, dass die Nichteinhaltung zum Ende der vertraglichen Vereinbarung führen kann. Enthält meist jedoch Klauseln, die eine gemeinsame Bearbeitung von Problemen erlaubt.

Abhängig von der Art des Unternehmens können weitere Abschnitte wie zum Beispiel zum Thema Umweltschutz, Gesundheit und Sicherheit oder ähnlichem vorhanden sein.

Auch wenn es aus Unternehmenssicht praktisch ist, die Unterzeichnung eines Verhaltenskodex für Geschäftspartner zu fordern, gibt es viele, die diese Unterschrift verweigern. Nicht, weil sie den Prinzipien nicht grundsätzlich zustimmen würden, sondern eher, weil jeder dieser Kodizes individuelle Regelungen enthält, die gerade Geschäftspartner mit vielen Kunden kaum individuell vorhalten können. Stellen Sie sich vor, ein Kunde von Ihnen verlangt, über jeden Interessenkonflikt informiert zu werden. Haben Sie die internen Prozesse, die das sicherstellen können? So gibt es viele Unternehmen, die das etwas anders regeln, und zwar indem sie entweder sich gegenseitig ihre Verhaltenskodexes anerkennen oder sich auf die Einhaltung minimaler Prinzipien verständigen (z. B. 10 Prinzipien des UN Global Compact, siehe auch

Unterkapitel 10.2). Das verlangt von ihrem Unternehmen, eine entsprechende Prüfung vorzunehmen, die meist in der Compliance-Abteilung liegt.

9.3 Vertragliche Verpflichtung, Informationen und Daten zur Verfügung zu stellen

In Anbetracht der steigenden Notwendigkeit von Informationen für Nachhaltigkeitsthemen seitens der Lieferanten oder der Einhaltung gesetzlicher Auflagen ist es anzudenken, diese Anforderungen direkt in die vertraglichen Vereinbarungen aufzunehmen. Zu denken wäre hier beispielsweise an:

- die Zurverfügungstellung von Emissionswerten für Produkte und Dienstleistungen (entweder für die eigenen Scope-3-Berechnungen oder für die Berichterstattung nach dem CBAM),
- die Zusicherung, dass die Rohstoffe nicht aus entwaldeten Gebieten stammen, die unter die EU-DR fallen, bzw. die daraus hergestellten Produkte, sowie Sorgfaltserklärungen,
- die Einbindung des Verhaltenskodex für Lieferanten,
- die Beantwortung von Fragebögen oder Erlaubnis, Prüfungen zu diesen Themen durchführen zu können.

Gerade in Hinblick auf Emissionsberechnungen sind viele Unternehmen noch nicht in der Lage, diese Daten zur Verfügung zu stellen. Jedoch hilft es auch auf dieser Ebene, darauf hinzuwirken, gerade bei Geschäftsbeziehungen, die einen großen Teil der indirekten Emissionen verursachen. Hier ist es denkbar, abhängig von der Art der Rohstoffe und Produkte, auch über Vorgaben zur Berechnungsmethode nachzudenken.

9.4 Zusammenarbeit in Hinblick auf Nachhaltigkeit

Geschäftspartner sind auch bei der Umsetzung der Nachhaltigkeitsstrategie bzw. einzelner Initiativen nicht wegzudenken. Wenn es notwendig ist, Produkte neu zu denken, oder das Unternehmen von den Vorprodukten der Lieferanten abhängt, sind diese einzubinden. Werden Rohstoffe oder Materialien von Lieferanten benötigt und diese sollen neuen Kriterien entsprechen, so sind diese direkt betroffen. Ebenso ist es kaum möglich, Emissionsreduzierungsziele zu erreichen, wenn nicht auch die Geschäftspartner ihre Emissionen reduzieren – wir denken daran, dass ca. 80 % der Gesamtemissionen vieler Unternehmen auf den Scope 3 entfallen, von dem eingekaufte Produkte und Dienstleistungen sowie Kapitalgüter sicher oft einen großen

Teil ausmachen. Auch kann eine Zusammenarbeit bei erhöhtem Risiko aus der Geschäftspartnerprüfung unabdinglich sein.

Die Lösung kann und sollte jeweils nicht sein, die Geschäftsbeziehung mit bestehenden Lieferanten zu kündigen und ganz neue zu suchen. Zum einen weil es die anderen nicht unbedingt gibt, aber auch weil eine Umstellung sehr kostenintensiv sein könnte, und vor allem, weil es in manchen Branchen und für manche Länder zu großen Problemen führen könnte, wenn die dortigen Unternehmen plötzlich ihre größten Kunden verlieren, weil beispielsweise dort Kinderarbeit noch gängig ist. Stattdessen wird an vielen Stellen darauf verwiesen, dass Unternehmen mit ihren Geschäftspartnern zusammenarbeiten sollen, um gemeinsam eine Verbesserung zu schaffen.

9.5 Anwendung auf die Spielz-Werke GmbH & Co. KG

Die Spielz-Werke haben ungefähr 500 Lieferanten weltweit und das in unterschiedlichsten Regionen. Bisher schaut der Einkauf zwar auf die finanzielle Stabilität und die Produkt- bzw. Rohstoffqualität, aber die Überprüfung vernachlässigt andere Aspekte. Frau Schulz plant daher, gemeinsam mit dem Einkauf, dem Risikomanagement und der IT-Abteilung einen Geschäftspartnerprüfprozess zu definieren und einzuführen. Sie verwenden dafür eigens für die Spielz-Werke abgestimmte Risikobewertungen für die Länder, in denen die Lieferanten ansässig sind bzw. von wo sie liefern, sowie die Sektoren, zu denen die Waren gehören.

Gemeinsam mit der Rechtsabteilung wird ein Verhaltenskodex für Lieferanten entwickelt, der die wesentlichen Prinzipien der Spielz-Werke und die Ziele für Nachhaltigkeit reflektiert. Eine Information zum Hinweisgebersystem wird nicht fehlen. Zudem überarbeiten sie unter Einbindung der Einkaufsabteilung die Standardverträge, um zusätzliche Informationspflichten einzufügen (z. B. bzgl. der EU-DR).

Da die Spielz-Werke sich entschlossen haben, ihr Emissionsreduzierungsziel über SBTi validieren zu lassen, müssen (und wollen) sie auch die Emissionen in der Lieferkette reduzieren. Dafür hat Frau Schulz gemeinsam mit dem Einkauf die Lieferanten mit den höchsten Emissionen bestimmt und vereinbart „Supplier Engagement Targets“ mit ihnen.

9.6 Fazit

Geschäftspartner sind als wichtiges Element der Wertschöpfungskette und der Stakeholder in jedem Aspekt der Nachhaltigkeitsbemühungen mitzudenken. Egal, ob es sich um Umweltthemen wie Emissionen oder Biodiversitätseinflüsse handelt, Sozialthemen wie die Einhaltung von Menschenrechten oder Governance-Themen wie Antikorruption. Unternehmen kommen nicht umhin, die Geschäftspartner bei der Bestimmung der wesentlichen Themen für die Nachhaltigkeitsstrategie als Stakeholder einzubinden, sich mit ihnen zur Einhaltung gesetzlicher Vorgaben auseinanderzusetzen oder sie als Informationsquelle für die eigene Berichterstattung zu nutzen. Insofern ist es sehr wichtig, zunächst einen adäquaten Geschäftspartnerprüfprozess einzurichten und die Verträge so zu gestalten, dass alle Themen adressiert sind, ggf. auch über einen entsprechenden Verhaltenskodex. Darüber hinaus gilt es, die Geschäftsbeziehungen zu pflegen und sie bei der Umsetzung der Nachhaltigkeitsstrategie als Partner einzubinden und sie vielleicht gar bei ihren eigenen Nachhaltigkeitsbemühungen zum gegenseitigen Wohl zu unterstützen.

10. (Nachhaltigkeits-)Berichterstattung

Unter Nachhaltigkeitsberichterstattung wird meist die Berichterstattung im Rahmen der Finanzberichterstattung verstanden, entweder integriert oder als separater Nachhaltigkeitsbericht. Jedoch geht die Berichterstattung zum Themengebiet der Nachhaltigkeit weit darüber hinaus und kann somit auch durchaus viele andere Formen annehmen, von monatlichen oder quartalsweisen Berichten an die Unternehmensleitung über regelmäßige Informationen an die Mitarbeiter bis zur Berichterstattung an Investoren außerhalb der jährlichen Berichterstattung.

Die Berichterstattung ist in vielerlei Hinsicht ein Mittel sowohl der Kommunikation als auch der Überwachung und Kontrolle. Es kommt sehr darauf an, wer die Zielgruppe für die Information ist und für welchen Zweck diese sie nutzt. Eine mögliche Unterscheidung könnte die Folgende sein:

Tabelle 20: Berichterstattung als Mittel der Information und Überwachung

Zielgruppe	**Art der Berichterstattung (Beispiele)**	**Zwecke im Zusammenhang mit Überwachung/Überprüfung**
Investoren	Nachhaltigkeitsbericht, Meldung von diversen Informationen und KPI durch Fragebögen	Überprüfung, ob das Unternehmen seine Versprechen einhält. Vergleich mit anderen Unternehmen. Unternehmensbewertung.
Aufsichtsrat	Regelmäßige Berichterstattung durch die Unternehmensleitung (z.B. Kennzahlen) und Nachhaltigkeitsbericht	Überprüfung, ob das Unternehmen seine Strategie/seine Versprechen einhält.
Unternehmensleitung	Regelmäßige Berichterstattung durch die Nachhaltigkeitsbeauftragten und andere Verantwortliche (z.B. Kennzahlen, Status zu Initiativen, Prüfungen etc.)	Überwachung, ob Maßnahmen im Unternehmen wie geplant umgesetzt werden und die gewünschten Ziele erfüllen, um ggf. Gegenmaßnahmen zu ergreifen.
Führungskräfte	Berichterstattung durch eigene Mitarbeiter oder durch den Nachhaltigkeitsbeauftragten (z.B. Kennzahlen, Status zu Initiativen, Prüfungen etc.)	Überwachung, ob Maßnahmen (im eigenen Bereich) wie geplant umgesetzt werden und die gewünschten Ziele erfüllen, um ggf. Gegenmaßnahmen zu ergreifen.

Zielgruppe	Art der Berichterstattung (Beispiele)	Zwecke im Zusammenhang mit Überwachung/Überprüfung
Mitarbeiter	Nachhaltigkeitsbericht, Informationen über einzelne Initiativen	Überprüfung, ob das Unternehmen seine Versprechen einhält. Vergleich mit anderen Unternehmen.
Behörden (z. B. Bundesamt für Wirtschaft und Ausfuhrkontrolle)	Berichterstattung nach Gesetzen (z. B. LkSG, CBAM)	Bericht über die Erfüllung der im Gesetz verankerten Sorgfaltspflichten.
Andere Stakeholder (Kunden, potenzielle Mitarbeiter, Nichtregierungsorganisationen etc.)	Nachhaltigkeitsbericht	Überprüfung, ob das Unternehmen seine Versprechen einhält. Vergleich mit anderen Unternehmen.

Daraus wird ersichtlich, dass die Berichterstattung ein sehr wichtiges Mittel der Information und Kommunikation, aber auch der Überwachung auf allen Ebenen und für alle Stakeholder ist. Kern der Berichterstattung sind die Kennzahlen und Leistungsindikatoren, die wir im → Unterkapitel 8.4.2 näher betrachtet haben.

Wie bei jeder Art von Kommunikation, in diesem Fall der Berichterstattung, muss sich das Unternehmen zunächst fragen:

- Ist die Berichterstattung an interne (z. B. Mitarbeiter, Führungskräfte) oder externe Adressaten (z. B. Investoren, Behörden, Kunden) gerichtet? Dies bestimmt die zu berichtenden Themen, den Detaillierungsgrad, die Berichtsbreite und jeweilige Berichtsfrequenz.
- Gibt es rechtliche Anforderungen an die Berichterstattung? Dann sind diese zu berücksichtigen (z. B. in Hinblick auf die Definitionen der Kennzahlen, Berichtsfrequenzen).
- Ist es notwendig, die Berichte zu prüfen? Sofern eine Prüfpflicht (z. B. durch Wirtschaftsprüfer für die Nachhaltigkeitsberichterstattung im Rahmen des Lageplans) besteht, ist ausreichend Zeit dafür einzuplanen und eine entsprechende Dokumentation sicherzustellen.
- Wer ist dafür zuständig? Die Nachhaltigkeitsbeauftragten müssen nicht jede Berichterstattung erstellen. Diese kann auch in der Finanzabteilung oder anderen Bereichen liegen.
- Was ist eine sinnvolle Zeitplanung? Da Unternehmen mit großer Wahrscheinlichkeit mehrere Berichtspflichten erfüllen müssen bzw. wollen, ist es ratsam, diese gut zu planen, um die Arbeit nicht mehrfach machen

zu müssen. Besonders ratsam ist es, die Definitionen der Kennzahlen zu klären, da diese unter Umständen abweichen (Mitarbeiterfluktuationsraten sind hierfür ein Beispiel).
- Gibt es interne Abstimmungsprozesse? Es kann sinnvoll sein, für bestimmte Berichte Freigabeschleifen einzurichten. Dies um sicherzustellen, dass konsistente und widerspruchsfreie Informationen und Aussagen abgegeben werden. Besonders wichtig in punkto „Greenwashing".

Nachfolgend wollen wir uns beispielhaft die Berichterstattungspflicht an das Bundesamt für Wirtschaft und Ausfuhrkontrolle (BAFA) für das LkSG anschauen, die Berichterstattung unter dem UN Global Compact und dann die jährliche Nachhaltigkeitsberichterstattung von Unternehmen im Vergleich der CSRD mit der Global Reporting Initiative und dem Deutschen Nachhaltigkeitskodex.

10.1 Berichterstattung nach dem Lieferkettensorgfaltspflichtengesetz (LkSG)

Das LkSG fordert eine jährliche Berichterstattung der Unternehmen hinsichtlich der Erfüllung der im Gesetz verankerten Sorgfaltspflichten an das BAFA.[92] Die Berichterstattung erfolgt über einen elektronischen Fragebogen im BAFA-Portal spätestens vier Monate nach dem Abschluss des Geschäftsjahres und ist auf der Homepage des Unternehmens zu veröffentlichen. Die Berichterstattung muss klar und (für Dritte) nachvollziehbar sowie einer Plausibilitätskontrolle zugänglich sein. Der Fragebogen bildet die Mindestanforderungen an die Berichtspflicht ab (§ 10 Abs. 2 Satz 2 LkSG). Er besteht aus Pflichtfragen, welche zwingend zu beantworten sind, Ergänzungsfragen, die in Abhängigkeit von den Antworten auf die Pflichtfragen zu beantworten sind, und dynamischen Folgefragen, die nur bei bestimmten Frage- und Antwortkonstellationen angezeigt werden. Teilweise gehen die freiwilligen Fragen über die Mindestanforderungen hinaus. Die Fragen sind in fünf Bereiche gegliedert:

1. Strategie & Verankerung,
2. Risikoanalyse & Präventionsmaßnahmen,
3. Feststellung von Verletzungen & Abhilfemaßnahmen,
4. Beschwerdeverfahren,
5. Überprüfung des Risikomanagements.

92 Für alle Informationen: Bundesamt für Wirtschaft und Ausfuhrkontrolle, Lieferketten. In: bafa.de, 9.4.2024.

In der Berichterstattung „… sind die einzelnen Schritte, Vorkehrungen und Maßnahmen unter Bezugnahme auf die Menschenrechtsstrategie und gegebenenfalls unter Hinweis auf die in Betracht gezogenen Handlungsalternativen, darzulegen und zu erläutern.

Unternehmen müssen in den Berichten bewerten, welche Auswirkungen die getroffenen Maßnahmen hatten, und einen Ausblick über Folgemaßnahmen geben.[93]

10.2 Berichterstattung nach dem UN Global Compact

Der United Nations Global Compact (UN GC) wurde 2005 gegründet und basiert auf dem Stakeholder-Ansatz.[94] Kern sind die zehn Prinzipien für gute Unternehmensführung sowie die Umsetzung der Nachhaltigkeitsziele der Vereinten Nationen (Sustainable Development Goals).[95]

Die zehn Prinzipien lauten:[96]

Menschenrechte

1. Unternehmen sollen den Schutz der internationalen Menschenrechte unterstützen und achten.
2. Unternehmen sollen sicherstellen, dass sie sich nicht an Menschenrechtsverletzungen mitschuldig machen.

Arbeitsnormen

3. Unternehmen sollen die Vereinigungsfreiheit und die wirksame Anerkennung des Rechts auf Kollektivverhandlungen wahren.
4. Unternehmen sollen für die Beseitigung aller Formen von Zwangsarbeit eintreten.
5. Unternehmen sollen für die Abschaffung von Kinderarbeit eintreten.
6. Unternehmen sollen für die Beseitigung von Diskriminierung bei Anstellung und Erwerbstätigkeit eintreten.

93 Deutscher Bundestag, Drucksache 19/28649, S. 52.
94 UN Global Compact, Our Governance | UN Global Compact. In: unglobalcompact.org, 4.5.2024.
95 UN Global Compact, Our Ambition. In: unglobalcompact.org, 4.5.2024.
96 UN Global Compact, Zehn Prinzipien. In: globalcompact.de, 4.5.2024.

Umwelt

7. Unternehmen sollen im Umgang mit Umweltproblemen dem Vorsorgeprinzip folgen.
8. Unternehmen sollen Initiativen ergreifen, um größeres Umweltbewusstsein zu fördern.
9. Unternehmen sollen die Entwicklung und Verbreitung umweltfreundlicher Technologien beschleunigen.

Korruptionsprävention

10. Unternehmen sollen gegen alle Arten der Korruption eintreten, einschließlich Erpressung und Bestechung.

Eine kostenpflichtige Mitgliedschaft ist für Unternehmen wie auch Verbände und andere Organisationen möglich. Hierfür reichen eine Verpflichtungserklärung („Letter of Commitment") und ein Online-Beitrittsantrag.[97] Es folgt dann eine jährliche Berichterstattung. Diese umfasst neben einer Bestätigung der Unternehmensleitung, dass das Unternehmen weiterhin die zehn Prinzipien unterstützt, auch einen 50 bis 70 Fragen umfassenden Fragebogen. Die Anzahl der Fragen richtet sich nach der Branche und Art der Organisation und die Antworten werden für jeden sichtbar auf der Webseite des UN GC veröffentlicht.

Die im Fragebogen geforderten Informationen liegen sicher größtenteils im Unternehmen vor, jedoch sicher nicht in Gänze. Zudem müssen Unternehmen die vom UN GC zur Verfügung gestellte Plattform nutzen. Da eine Veröffentlichung der Informationen auf der Webseite erfolgt und diese somit allen zugänglich sind, sollte eine intensive interne Abstimmung vor Veröffentlichung erfolgen.

10.3 Nachhaltigkeitsberichterstattung

Für Unternehmen, die (noch) nicht nach den Vorgaben der CSRD Bericht erstatten müssen, sich darauf vorbereiten wollen oder die (zusätzlich) noch einem internationalen Standard folgen wollen, gibt es die Möglichkeit, sich an bestehenden Rahmenwerken zu orientieren. Im Übrigen bestand die Möglichkeit auch für Unternehmen, die dem CSR-RUG unterlagen, da die rechtlichen Vorgaben wenig Hilfestellung für eine praktische Ausgestaltung der Berichterstattung gaben. Unter anderem gibt der § 289d HGB berichtspflichtigen Unternehmen sogar die Möglichkeit, „für die Erstellung der nichtfinanziellen Erklärung nationale, europäische oder internationale Rahmenwerke [zu] nutzen". Falls sie dies tun, müssen sie es angeben. Unternehmen des DAX verwenden

97 UN Global Compact, Beitrittsprozess Business. In: globalcompact.de, 4.5.2024.

am häufigsten die Vorgaben der Global Reporting Initiative (GRI) (mit 94 %), zudem verwenden einige (zusätzlich) SASB (mit 38 %) und sehr viel weniger den Deutschen Nachhaltigkeitskodex (DNK) (mit 7 %).[98] Der DNK scheint eher bei kleineren und mittleren Unternehmen in Deutschland verbreitet zu sein, da ungefähr 1.000 Unternehmen danach berichten.[99] Es gibt auch Rahmenwerke für spezifische Themen wie die Berichterstattung zu Klimarisiken durch die Taskforce for Climate-related Financial Disclosures (TCFD).

Rahmenwerke entstanden gerade aufgrund eines einerseits fehlenden rechtlichen Rahmens, andererseits aus dem Wunsch der Unternehmen bzw. der Forderung von Anspruchsgruppen nach Transparenz und Vergleichbarkeit von Nachhaltigkeitsinformationen, sicher aber auch einfach als eine Möglichkeit, sich dem Thema strukturiert zu nähern – so besteht nicht die Notwendigkeit, das Rad nochmals neu zu erfinden. Sie sind wie eine Checkliste, mit der das Unternehmen sicherstellen kann, kein relevantes Thema zu vergessen.

Oft gehen die Erfahrungen dieser Rahmenwerke in die Entwicklung gesetzlicher Vorgaben ein. Beispielsweise hat die EFRAG für die Entwicklung der European Sustainability Reporting Standards (ESRS) unter der CSRD mit der GRI kooperiert.[100]

10.3.1 CSRD/ESRS

Die Entstehungsgeschichte und die Grundlagen zur CSRD und den ESRS sind im Kapitel zu den rechtlichen Grundlagen beschrieben (→ Unterkapitel 4.3.1). Dort sind auch die Informationen zum Aufbau und den wesentlichen Änderungen im Vergleich zum CSR-RUG aufgeführt.

Die nachfolgende Abbildung veranschaulicht die notwendigen Schritte zum finalen Bericht.

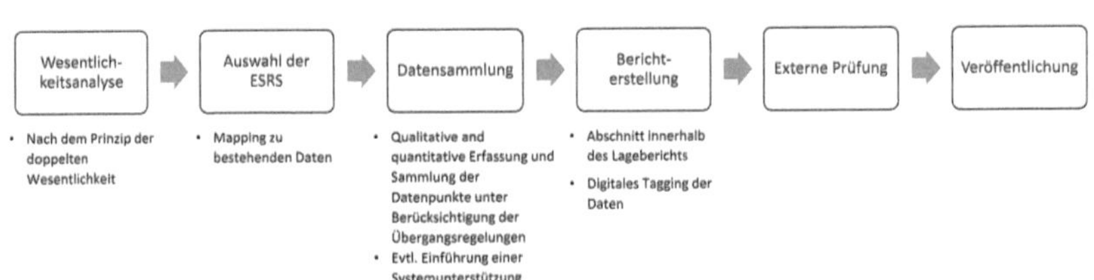

Abbildung 32: Schritte zur Nachhaltigkeitsberichterstattung nach CSRD/ESRS

98 BDO & Kirchhoff, Nachhaltigkeit im Wandel, S. 5.

99 Der Deutsche Nachhaltigkeitskodex, Deutscher Nachhaltigkeitskodex – Über den DNK. In: deutscher-nachhaltigkeitskodex.de, 4.5.2024.

100 EFRAG, EFRAG & GRI landmark Statement of Cooperation.

Die Wesentlichkeitsanalyse ist der erste Schritt in diesem Prozess und dient der Feststellung der wesentlichen Auswirkungen, Risiken und Chancen (IROs) in punkto Auswirkungen auf Menschen und Umwelt. Dies haben wir uns detailliert im → Unterkapitel 8.1.4 angesehen. Nach der Festlegung dieser Themen muss die Auswahl der exakten Berichtspflichten für das jeweilige Unternehmen basierend auf den IROs erfolgen. Hierbei gibt es folgende Punkte zu beachten:

1. Die Berichtspflichten aus den themenübergreifenden Standards ESRS 1 und ESRS 2 sind von allen Unternehmen zu erfüllen.
2. Die Berichtspflichten aus den sektorspezifischen Standards werden von den Unternehmen des jeweiligen Sektors zu erfüllen sein, wenn diese verfügbar sind (voraussichtlich ab 2026).
3. Für die themenspezifischen Standards sind nur die Berichtspflichten zu erfüllen, die sich auf die wesentlichen IROs beziehen.
4. Der ESRS 1 Abschnitt 10 mit seinem Anhang C verweist auf eine Reihe von Berichtspflichten, die (noch) nicht von (bestimmten) Unternehmen im ersten Jahr oder den ersten drei Jahren erfüllt werden müssen.
5. Der ESRS 1 Anhang E stellt anschaulich dar, wie ein Unternehmen die für sich selbst anwendbaren Berichtspflichten identifizieren kann.
6. Die vorgegebenen Berichtspflichten inkl. Datenpunkten sollen Unternehmen nicht davon abhalten, zusätzliche unternehmensspezifische Angaben machen zu können.

Die themenspezifischen Standards sind alle ähnlich aufgebaut und fordern Angaben zur Strategie und Maßnahmen bzgl. der gewählten Themen sowie Ziele und Kennzahlen dafür. Hier gehen Unternehmen zunächst so vor, dass sie schauen, welche ESRS in Gänze auszuschließen sind. Für unserer Beispiel der Spielz-Werke nehmen wir an, dass kein Thema in punkto „E3 Wasser- und Meeresressourcen“ wesentlich für die Berichterstattung ist. In diesem Fall müssen die Spielz-Werke keine der Berichtspflichten des E3 erfüllen und können diese komplett weglassen. Nehmen wir weiter an, die Spielz-Werke hätten in Bezug auf die Umweltverschmutzung nur (besonders) besorgniserregende Stoffe als wesentlich eingestuft, nicht aber Luft-, Wasser- und Bodenverschmutzung. In diesem Fall müssen sie zwar den „E2 Umweltverschmutzung“ als wesentlich einstufen, beschränken ihre Angaben zu Strategien, Maßnahmen, Zielen und Kennzahlen aber auf die als wesentlich betrachteten Themen (hier: (besonders) besorgniserregende Stoffe) und können die Berichtspflichten zu E2 bis E4 komplett auslassen.

Tabelle 21: Mapping wesentlicher Themen und ESRS

Standard	Verpflich-tend?	Für die Spielz-Werke
	Übergreifende Standards	
ESRS 1 Allgemeine Grundsätze	Ja	Ja
ESRS 2 Allgemeine Angaben	Ja	Ja
	Themenspezifische Standards	
ESRS E1 Klimawandel	Abhängig von der Wesent-lichkeits-analyse	Ja, da Klimaauswirkung als wesentlich bestimmt wurde.
ESRS E2 Umweltver-schmutzung		Teilweise, da nicht alle Aspekte als wesentliche Themen bestimmt worden sind (hier z. B. keine Luft-, Wasser- und Bodenverschmutzung).
ESRS E3 Wasser- und Meeresressourcen		Nein
ESRS E4 Biodiversität und Ökosysteme		…
ESRS E5 Ressourcen-nutzung und Kreislauf-wirtschaft		Ja, weil Kreislaufwirtschaft und insbe-sondere Abfall als wesentliche Themen bestimmt worden sind.
ESRS S1 Eigene Beleg-schaft		Teilweise, da nicht alle Aspekte als we-sentliche Themen bestimmt worden sind.
ESRS S2 Beschäftigte in der Wertschöpfungs-kette		…
ESRS S3 Betroffene Gemeinschaften		…
ESRS S4 Verbraucher und Endnutzer		Ja, in Bezug auf die Produktsicherheit, den Schutz von Kindern, Datenschutz etc.
ESRS G1 Geschäfts-verhalten		Ja, weil u. a. Korruption als wesentliches Thema eingestuft wurde.
	Sektorspezifische Standards	
Ab Mitte 2026	Ja	Unbekannt, ob es einen sektorspezifi-schen Standard für Spiele- und Spiel-warenhersteller geben wird, ggf. für Handelsunternehmen.

Diese Auswahl sollte zu einer deutlichen Reduzierung der Berichtspflichten aus den über 1.000 Datenpunkten der ESRS führen. Wenn die genauen Berichtspflichten bekannt sind, kann die Zusammenstellung (und Erstellung) der Informationen und Daten erfolgen. Viele Daten liegen sicher in der einen oder anderen Form vor. Hier ist es notwendig, sicherzustellen, dass dies dokumentiert, kontrolliert und revisionssicher geschieht. Für viele andere Information ist es notwendig, die entsprechenden Prozesse (und Prozessänderungen) anzustoßen, um die dokumentierte, kontrollierte und revisionssichere Zusammenstellung zu gewährleisten. Es ist darüber nachzudenken, hierfür eine technische Plattform zu schaffen. Wenn alle Informationen da sind, ist der eigentliche Bericht in dem dafür vorgesehenen Format zu erstellen und vom Wirtschaftsprüfer zu prüfen. Die Informationen müssen entsprechend den Vorgaben der ESRS Teil des Lageberichts und digital getaggt sein, damit es möglich ist, sie später elektronisch auszulesen.

Das klingt alles recht entspannt, ist jedoch ein nicht zu unterschätzender Aufwand. Es sind komplett neue Prozesse und Kontrollen aufzusetzen. Daher ist es zu empfehlen die Schritte jeweils mit dem Wirtschaftsprüfer abzustimmen, um böse Überraschungen im Augenblick der Prüfung zu vermeiden.

10.3.2 Die Global Reporting Initiative

Im Jahr 1997 gründeten in den USA zwei Non-profit-Organisationen (CERES, Tellus Institute) die Global Reporting Initiative (GRI). Sie wollten damit nach der Ölkatastrophe von Exxon Valdez den ersten Standard zur Einhaltung von Umweltprinzipien entwickeln. Dieser wurde wenig später um soziale Aspekte und Aspekte zur guten Unternehmensführung (Corporate Governance) ergänzt. Die ersten GRI-Guidelines wurden 2000 veröffentlicht. Die GRI veröffentlichte 2016 den ersten internationalen Standard zur Nachhaltigkeitsberichterstattung. Dieser wurde 2021 nochmals einer größeren Aktualisierung unterzogen und wird seitdem um sektorspezifische Standards erweitert.[101]

Die Berichterstattung unter der GRI erfolgt entweder „in Übereinstimmung mit den GRI-Standards“ oder „unter Bezugnahme auf die GRI-Standards“. Wenn ein Unternehmen alle Prinzipien und Berichtspflichten des Standards erfüllt, erfolgt die Berichterstattung in Übereinstimmung mit den Stan-

101 Global Reporting Initiative, GRI – Mission & history. In: globalreporting.org, 4.5.2024.

dards.[102] Ist dies nicht der Fall, erfolgt die Berichterstattung unter Bezugnahme auf die GRI-Standards.[103]

Die GRI folgt wie der DNK dem „Comply or Explain"-Ansatz. Das heißt, die berichtenden Unternehmen erfüllen entweder eine Berichtspflicht („Comply") oder müssen erklären, wieso dies (noch) nicht erfolgen kann („Explain").

Die GRI-Standards unterteilen sich, wie die ESRS, in drei Kategorien:[104]

Universelle Standards:

- GRI 1: Einführung zu den Standards und deren Anwendung.
- GRI 2: 30 Berichtspflichten, die für alle Unternehmen Anwendung finden, die nach dem GRI berichten wollen („Comply or Explain"-Ansatz).
- GRI 3: Beinhaltet die Prozessbeschreibung zur Durchführung einer auswirkungsbasierten Wesentlichkeitsanalyse, sowie der dazu gehörigen notwendigen Berichtsanforderungen.

Branchenstandards:

Die Branchenstandards unterstützen Unternehmen bestimmter Branchen bei der Bestimmung der wahrscheinlich wesentlichen Themen.[105] Insgesamt möchte die GRI 40 Branchenstandards entwickeln.[106] Bisher wurden die ersten Branchenstandards für Öl- und Gasunternehmen und Kohleunternehmen veröffentlicht, weitere für Landwirtschaft, Minen, Finanzdienstleistungen sowie Textilien sind in der Entwicklung. Die EFRAG hat für die Entwicklung der branchenspezifischen ESRS ähnliche Sektoren für den Anfang definiert (z. B. Öl und Gas, Minen und Kohleabbau, Straßentransport, Landwirtschaft und Fischerei).

Themenstandards:

„Die Themenstandards enthalten Angaben, mit denen die Organisation über ihre Auswirkungen in Bezug auf bestimmte Themen berichten kann. […] Die Organisation verwendet die Themenstandards gemäß der Liste der we-

102 Global Reporting Initiative: GRI 1: Grundlagen 2021, Universeller Standard 1, S. 12–18, https://www.globalreporting.org/standards/download-the-standards/.

103 Global Reporting Initiative: GRI 1: Grundlagen 2021, Universeller Standard 1, S. 19, https://www.globalreporting.org/standards/download-the-standards/.

104 Global Reporting Initiative: GRI 1: Grundlagen 2021, Universeller Standard 1, S. 6 für die Abbildung, https://www.globalreporting.org/standards/download-the-standards/.

105 Global Reporting Initiative: GRI 1: Grundlagen 2021, Universeller Standard 1, S. 5, https://www.globalreporting.org/standards/download-the-standards/.

106 Global Reporting Initiative, GRI – Sector Program. In: globalreporting.org, 4.5.2024.

sentlichen Themen, die sie mit GRI 3 bestimmt hat."[107] Dies bedeutet, dass ein Unternehmen mit Emissionen als wesentlichem Thema den Themenstandard „Emissionen" verwenden kann, um die Angaben zu bestimmen, die sie in ihrer Nachhaltigkeitsberichterstattung berücksichtigen sollte. Die Angaben in diesem Beispiel umfassen folgende sieben Punkte:[108]

- Angabe 305-1 Direkte THG-Emissionen (Scope 1),
- Angabe 305-2 Indirekte energiebedingte THG-Emissionen (Scope 2),
- Angabe 305-3 Sonstige indirekte THG-Emissionen (Scope 3),
- Angabe 305-4 Intensität der Treibhausgasemissionen,
- Angabe 305-5 Senkung der Treibhausgasemissionen,
- Angabe 305-6 Emissionen Ozon abbauender Substanzen,
- Angabe 305-7 Stickstoffoxide (NOx), Schwefeloxide (SOx) und andere signifikante Luftemissionen.

Wie aus der nachfolgenden Übersicht zu den Themenstandards der drei Kategorien Wirtschaft, Umwelt und Soziales deutlich wird, sind diese sehr viel spezifischer und zahlreicher als bei den ESRS, auch sind die Kategorien andere.

Tabelle 22: Übersicht über die GRI-Themenstandards

Wirtschaftliche Themen	**Umweltthemen**	**Soziale Themen**
GRI 201 – Wirtschaftliche Leistung	GRI 301 – Materialien	GRI 401 – Beschäftigung
GRI 202 – Marktpräsenz	GRI 302 – Energie	GRI 402 – Arbeitnehmer-Arbeitgeber-Verhältnis
GRI 203 – Indirekte ökonomische Auswirkungen	GRI 303 – Wasser und Abwasser	GRI 403 – Sicherheit und Gesundheit am Arbeitsplatz
GRI 204 – Beschaffungspraktiken	GRI 304 – Biodiversität	GRI 404 – Aus- und Weiterbildung
GRI 205 – Antikorruption	GRI 305 – Emissionen	GRI 405 – Diversität und Chancengleichheit
GRI 206 – Wettbewerbswidriges Verhalten	GRI – 306 – Abfall	GRI 406 – Nichtdiskriminierung

107 Global Reporting Initiative: GRI 1: Grundlagen 2021, Universeller Standard, S.5, https://www.globalreporting.org/standards/download-the-standards/.
108 Global Reporting Initiative, GRI – Sector Program. In: globalreporting.org, 4.5.2024.

Wirtschaftliche Themen	Umweltthemen	Soziale Themen
GRI 207 – Steuern	GRI 307 Umweltbewertung der Lieferanten	GRI 407 – Vereinigungsfreiheit und Tarifverhandlungen
		GRI 408 – Kinderarbeit
		GRI 409 – Zwangs- und Pflichtarbeit
		GRI 410 – Sicherheitspraktiken
		GRI 411 – Rechte der indigenen Völker
		GRI 413 – Lokale Gemeinschaften
		GRI 414 – Soziale Bewertung der Lieferanten
		GRI 415 – Politische Einflussnahme
		GRI 416 – Kundengesundheit und -sicherheit
		GRI 417 – Marketing und Kennzeichnung
		GRI 418 – Schutz der Kundendaten

GRI und CSRD

Die EFRAG hat mit der GRI bei der ESRS kooperiert. Als Beispiel für die Ähnlichkeit seien in folgender Tabelle der GRI 2-7 Angestellte und der S1-6 – Merkmale der Beschäftigten des Unternehmens gegenübergestellt.

Tabelle 23: Gegenüberstellung Angaben GRI 2-7 und ESRS S1-6

GRI Angabe 2-7 Angestellte	ESRS S1-6 – Merkmale der Beschäftigten des Unternehmens
Die Organisation muss folgende Informationen offenlegen: a. die Gesamtzahl der Angestellten sowie eine Aufgliederung dieser nach Geschlecht und Region b. die Gesamtzahl der Angestellten aufgegliedert wie folgt: i. unbefristete Angestellte, aufgegliedert nach Geschlecht und Region ii. befristete Angestellte, aufgegliedert nach Geschlecht und Region iii. Arbeitnehmer mit nicht garantierten Arbeitszeiten, aufgegliedert nach Geschlecht und Region iv. vollzeitbeschäftigte Angestellte, aufgegliedert nach Geschlecht und Region v. teilzeitbeschäftigte Angestellte, aufgegliedert nach Geschlecht und Region c. die Methoden und Annahmen, die zur Zusammenstellung der Daten verwendet wurden, und, ob die Zahlen offengelegt werden: i. in Beschäftigtenzahlen, Vollzeitäquivalenten (VZÄ) oder nach einer anderen Methode ii. am Ende des Berichtszeitraums, als Durchschnitt über den Berichtszeitraum oder nach einer anderen Methode d. mit den Kontextinformationen, die zum Verständnis der unter Angabe 2-7-a und 2-7-b angegebenen Daten erforderlich sind	48. Das Unternehmen hat die wesentlichen Merkmale der Beschäftigten innerhalb seiner eigenen Belegschaft zu beschreiben. [...] 50. Zusätzlich zu den nach Absatz 40 Buchstabe a Ziffer iii des ESRS 2 Allgemeine Angaben erforderlichen Informationen muss das Unternehmen Folgendes angeben: a) die Gesamtzahl der Beschäftigten nach Personenzahl und Aufschlüsselung nach Geschlecht und Land für Länder, in denen das Unternehmen 50 oder mehr Beschäftigte hat, die mindestens 10% der Gesamtzahl der Beschäftigten des Unternehmens ausmachen, b) die Gesamtzahl nach Personenzahl oder Vollzeitäquivalenten (VZÄ) der i. dauerhaft Beschäftigten, auch aufgeschlüsselt nach Geschlecht, ii. vorübergehend Beschäftigten, auch aufgeschlüsselt nach Geschlecht, und iii. der Beschäftigten ohne garantierte Arbeitsstunden, auch aufgeschlüsselt nach Geschlecht, c) die Gesamtzahl der Beschäftigten, die das Unternehmen im Berichtszeitraum verlassen haben, und die Quote der Mitarbeiterfluktuation im Berichtszeitraum, d) eine Beschreibung der zur Zusammenstellung der Daten verwendeten Methoden und Annahmen, einschließlich Angaben darüber, i. ob die Daten als Personenzahl oder Vollzeitäquivalente (einschließlich einer Erläuterung, wie VZÄ definiert werden) übermittelt werden und ii. ob die Zahlen am Ende des Berichtszeitraums als Durchschnitt des Berichtszeitraums oder unter Verwendung einer anderen Methode übermittelt werden, e) gegebenenfalls Hintergrundinformationen, die zum Verständnis der Daten erforderlich sind (z. B. Fluktuation der Zahl der Beschäftigten im Berichtszeitraum), und

e. erhebliche Schwankungen in der Zahl der Angestellten während des Berichtszeitraums und zwischen den Berichtszeiträumen	f) einen Querverweis von den nach Buchstabe a vorgelegten Informationen auf die repräsentativste Zahl in den Abschlüssen. 51. In Bezug auf die in Absatz 50 Buchstabe b genannten Informationen kann das Unternehmen zusätzlich eine Aufschlüsselung nach Regionen vorlegen. 52. Das Unternehmen kann folgende Informationen nach Personenzahl oder Vollzeitäquivalenten (VZÄ) aufgeschlüsselt angeben: a) Vollzeitbeschäftigte, aufgeschlüsselt nach Geschlecht und Region, und b) Teilzeitbeschäftigte, aufgeschlüsselt nach Geschlecht und Region.

Wie dieses Beispiel zeigt, sind die Berichtsanforderungen sehr ähnlich. Die Umsetzung der ESRS fällt daher Unternehmen, die bereits nach dem GRI berichten, leichter. Zum einen haben diese Unternehmen bereits eine Wesentlichkeitsanalyse durchgeführt, wenn auch mit Fokus auf die Auswirkungen (und weniger auf Risiken und Chancen). Insofern müssen Unternehmen natürlich die Wesentlichkeitsanalyse nochmal überarbeiten, um das Prinzip der doppelten Materialität entsprechend zu berücksichtigen, jedoch ist bereits eine Methodik und ein Bewusstsein vorhanden, was ein riesiger Vorteil ist. Ein weiterer Vorteil ist es, dass etliche Datenpunkte qualitativ wie quantitativ bereits vorliegen (siehe Beispiel in → Tabelle 22) und sie so bereits über den wesentlichen Teil der Informationen verfügen. Die GRI hat auch eine Referenztabelle (Mapping) zwischen den Berichtspflichten veröffentlicht, die Unternehmen die Umstellung erleichtern soll.

Einige Unternehmen stellen sich sicher die Frage, ob sie nach der Umstellung auf die ESRS noch weiter auch unter der GRI berichten sollten. Das ist an und für sich nicht notwendig und hängt von der geografischen Ausrichtung und den Stakeholdern des Unternehmens ab, sprich, ist die Anwendung des europäischen Standards ausreichend?

10.3.3 Der Deutsche Nachhaltigkeitskodex

Der Deutsche Nachhaltigkeitskodex (DNK) wurde durch den Rat für Nachhaltige Entwicklung (RNE) unter Einbindung von Vertretern aus Politik, Unternehmen, Finanzbereich und zivilgesellschaftlichen Organisationen im Jahr 2010 entwickelt und 2011 veröffentlicht.[109] Er erlaubt Unternehmen,

109 Der Deutsche Nachhaltigkeitskodex, Deutscher Nachhaltigkeitskodex – Über den DNK. In: deutscher-nachhaltigkeitskodex.de, 4.5.2024.

unabhängig von ihrer Rechtsform, Größe und Branchenzugehörigkeit einen Nachhaltigkeitsbericht zu erstellen und ihre unternehmerische Nachhaltigkeit zu reflektieren.[110]

Kern der DNK-Erklärung sind die Aussagen zu 20 qualitativen Kriterien sowie ausgewählte Leistungsindikatoren. Während die 20 Kriterien verpflichtend sind, kann das Unternehmen frei das Indikatoren-Set wählen. Zur Wahl stehen hierbei ein Set aus 29 Indikatoren der GRI oder ein Set aus 16 Indikatoren der European Federation of Financial Analysts Societies (EFFAS), welches unterschiedliche Berechnungsmethoden zulässt.

Die 20 qualitativen Kriterien der DNK-Erklärung unterteilen sich in das Nachhaltigkeitskonzept und spezifische Nachhaltigkeitsaspekte :[111]

Nachhaltigkeitskonzept

Strategie: Die Nachhaltigkeitsstrategie wird durch vier Kriterien beschrieben. Dies umfasst neben der strategischen Analyse und Maßnahmen die Wesentlichkeitsanalyse, die Ziele und eine Beschreibung der Tiefe der Wertschöpfungskette.

Prozessmanagement: Die sechs Kriterien beschreiben die Verantwortung, die Regeln und Prozessen, die Kontrolle, die Anreizsysteme, die Beteiligung von Stakeholdern und das Innovations- und Produktmanagement.

Nachhaltigkeitsaspekte

Umwelt: Die drei Kriterien zu den Umweltaspekten umfassen die Inanspruchnahme natürlicher Ressourcen, das Ressourcenmanagement sowie klimarelevante Emissionen. Letzteres erweitert sich bei Angaben zur EU-Taxonomie.

Gesellschaft: Die sieben Kriterien umfassen die Themen Arbeitnehmerrechte, Chancengerechtigkeit, Qualifizierung, Menschenrechte, Gemeinwesen, politische Einflussnahmen sowie Gesetzes-/Richtlinienkonformes Verhalten.

Aufbauend auf dieser Basis gibt es die Option, weitere Berichtselemente hinzuzufügen, z. B. Berichterstattung im Sinne des Nationalen Aktionsplans Wirtschaft und Menschenrechte (NAP) oder zur EU-Taxonomie.[112] So er-

110 Der Deutsche Nachhaltigkeitskodex, Leitfaden zum Deutschen Nachhaltigkeitskodex, S. 4.

111 Der Deutsche Nachhaltigkeitskodex, Checkliste für die Erklärung nach dem Deutschen Nachhaltigkeitskodex.

112 Der Deutsche Nachhaltigkeitskodex, Leitfaden zum Deutschen Nachhaltigkeitskodex, S. 8–12.

möglicht beispielsweise die Option zur EU-Taxonomie, weitere Inhalte zur Erfüllung der Anforderungen der EU-Taxonomie-Verordnung darzustellen.[113]

Wie auch die GRI folgt die DNK-Erklärung dem „Comply or Explain"-Ansatz. Für den DNK sind nicht erfüllte Kriterien kein Problem, da die DNK-Erklärung auf dem Verständnis der kontinuierlichen Weiterentwicklung der Berichterstattung basiert.[114] Im Unterschied zur GRI erfolgt beim DNK eine formale Prüfung der DNK-Erklärung durch das DNK-Büro, das prüft, ob alle Kriterien erfüllt und die notwendigen Informationen enthalten sind.[115]

Die Vorgaben der CSRD und der ESRS sollen Eingang in die DNK-Erklärung finden, damit auch in Zukunft jede Art von Unternehmen, egal ob berichtspflichtig, größen- und rechtsformunabhängig, die Nachhaltigkeitsberichterstattung mit der DNK-Erklärung machen kann. Es ist geplant, den modularen Aufbau mit den Basisinformationen als Kern und Erweiterungsmöglichkeiten beizubehalten, ebenso die Erweiterungsmöglichkeiten (z. B. zur EU-Taxonomie), ergänzt um für die CSRD/ESRS relevante Inhalte. Darüber hinaus erfolgt eine Erweiterung nach dem Lieferkettensorgfaltspflichtengesetz (LkSG) im Zusammenwirken mit dem BAFA.[116]

Auch hier ist die Frage zu klären, ob Unternehmen, die nach der CSRD berichtspflichtig sind, zusätzlich die Vorgaben des DNK einhalten wollen, da dies mit zusätzlichem Aufwand verbunden ist.

10.4 Anwendung auf die Spielz-Werke GmbH & Co. KG

Berichterstattung ist natürlich auch ein Thema für die Spielz-Werke. Zum einen für die interne Steuerung durch die Unternehmensleitung sowie Führungskräfte, zum anderen für den Investor und die Familie der Unternehmensgründerin über monatliche Berichte. Informationen an externe Partien wie Banken stellen die Spielz-Werke ad hoc auf Anfrage zusammen.

Für andere externe Stakeholder planen die Spielz-Werke, künftig die jährliche Nachhaltigkeitsberichterstattung über den Jahresabschluss zur Verfügung zu stellen. Es ist in diesem ersten Schritt nicht angedacht, über die

113 Der Deutsche Nachhaltigkeitskodex, Deutscher Nachhaltigkeitskodex – EU-Taxonomie-Verordnung. In: deutscher-nachhaltigkeitskodex.de, 4.5.2024.

114 Der Deutsche Nachhaltigkeitskodex, Leitfaden zum Deutschen Nachhaltigkeitskodex, S. 4.

115 Vgl. Der Deutsche Nachhaltigkeitskodex, S. 11–19.

116 Der Deutsche Nachhaltigkeitskodex, Deutscher Nachhaltigkeitskodex – Corporate Sustainability Reporting Directive (CSRD). In: deutscher-nachhaltigkeitskodex.de, 4.5.2024.

Anforderungen der CSRD/ESRS und der EU-Taxonomie-Verordnung hinauszugehen, weil allein deren Umsetzung Herausforderung genug sein wird.

Dennoch ist es geplant, Mitarbeiter enger über die Fortschritte zu informieren, zum Beispiel über regelmäßige Nachrichten im Intranet und die Bereitstellung nachhaltigkeitsrelevanter Zahlen im Intranet.

10.5 Fazit

Wir haben in diesem Kapitel gesehen, dass sich die Berichterstattung nicht auf die jährliche Berichterstattung im Rahmen der Finanzberichterstattung beschränken lässt. Vielmehr ist es wichtig, die Stakeholder und deren Bedürfnisse in punkto Berichterstattung zu analysieren und ein entsprechendes Berichtswesen aufzusetzen, für die interne Kommunikation in Richtung Unternehmensleitung und Führungskräfte idealerweise integriert in bestehende Strukturen.

Hinsichtlich der jährlichen Berichterstattung im Rahmen der Finanzberichterstattung gibt es einige Ansätze. Besteht keine Pflicht zur Einhaltung der CSRD/ESRS, ist die Verwendung von Rahmenwerken wie der GRI oder dem DNK zu empfehlen, weil sie helfen, die Anforderungen strukturiert umzusetzen und Transparenz zu schaffen, wenn dies aus rechtlichen Vorgaben nicht definiert oder notwendig ist. Besteht die Pflicht der Berichterstattung nach der CSRD/ESRS, sollte sich ein Unternehmen gut überlegen, ob es sich darüber hinaus anderen Rahmenwerken verschreiben möchte. Generell erfüllen sie eine wichtige Funktion der Standardisierung. Die mit ihnen gewonnenen Erfahrungen dienen auch als Grundlage für die Entwicklung rechtlicher Vorgaben. Durch die große Auswahl und Ausrichtung richten sie sich nach unterschiedlichen Bedürfnissen und Stakeholdern. Wenn dies nicht von Stakeholdern verlangt wird, sollte sich ein Unternehmen gut überlegen, ob es diesen Weg gehen möchte. Denn die zur Umsetzung und dauerhaften Erfüllung notwendigen Ressourcen für ein Unternehmen sind nicht zu unterschätzen. Bei der Auswahl sollten Faktoren wie die Verbreitung eines gewissen Rahmenwerkes innerhalb eines Sektors oder bei den Wettbewerbern, die Erwartungen der Stakeholder, Investoren oder Kunden eine Rolle spielen. Für europäische Unternehmen werden künftig sicher die ESRS eine zentrale Bedeutung einnehmen und wahrscheinlich an der einen oder anderen Stelle andere, bisherige freiwillige Verpflichtungen ersetzen.

11. Schlusswort

Ich hoffe, Sie hatten Spaß dabei, die Spielz-Werke auf ihrem Weg zur Einrichtung einer Nachhaltigkeitsbeauftragten, der Definition einer Nachhaltigkeitsstrategie und eines Nachhaltigkeitsmanagementsystems zu begleiten. Hoffentlich haben Sie dabei auch das eine oder andere lernen oder vertiefen können.

Es liegen spannende Jahre vor uns, in denen es an uns ist, tätig zu werden, um den Wandel zu einer nachhaltigen Wirtschaft und Gesellschaft zu begleiten, im Kleinen wie im Großen, im Privaten wie im Beruflichen.

Die Rolle des Nachhaltigkeitsbeauftragten ist vielfältig, weil der Themenstrauß so groß ist. Egal, ob Sie die Gesamtverantwortung tragen oder für einen Teil zuständig sind, es wird sich noch viel verändern. Das fordert auch uns auf, uns ständig weiterzubilden und in den Austausch zu treten. Lassen Sie sich nicht abschrecken. Wir sitzen alle im gleichen Boot und müssen uns in diesen neuen Regularien und innerhalb den aktuellen gesellschaftlichen Strömungen und Entwicklungen zurechtfinden. Holen Sie sich Hilfe – egal, ob innerhalb des Unternehmens oder außerhalb.

Ich bin mir sicher, dass dieses Buch in ein paar Jahren ganz anders geschrieben wird, weil bereits so viele Dinge selbstverständlich sein werden, die es heute nicht sind. Vielleicht sind wir dann auch schon an dem Punkt, dass es dieses Buchs und des Nachhaltigkeitsbeauftragten gar nicht mehr bedarf, weil es sich um Selbstverständlichkeiten handelt. Helfen wir den Unternehmen, dieses Ziel zu erreichen.

12. Anhang

Nachhaltigkeitsrichtlinie

Name der Richtlinie	Environment, Social & Governance
Erstellt am:	[Datum der ersten Veröffentlichung]
Gültig ab:	[Datum, ab dem die Richtlinie verpflichtend ist]
Aktualisiert am:	[Datum der letzten Aktualisierung]
Version:	[Angabe der Version]
Geltungsbereich:	[Angabe des/der Unternehmen/Bereiche für welche die Richtlinie gilt]
Richtlinienverantwortung:	[Ersteller/Verantwortlicher für die Richtlinie]
Richtlinienfreigabe:	[Person/Funktion, verantwortlich für die Freigabe der Richtlinie]
Aktualisierungsfrequenz:	Diese Richtlinie wird anlassbezogen, aber mindestens jährlich aktualisiert.

1. Ziel der Richtlinie:

Diese Richtlinie beschreibt die Ziele unseres Unternehmens in Hinblick auf Nachhaltigkeit, auch Environment, Social, Governance (ESG) genannt, ebenso grundlegende Festlegungen zur Organisation und den Abläufen.

2. Einleitung

[Z. B. Bedeutung für das Unternehmen, Definitionen (z. B. ESG, CSR, Nachhaltigkeit), grobe Vision/Richtung – z. B. „emissionsfrei bis …“]

3. Wesentlichkeitsanalyse

[Wie wird die Wesentlichkeitsanalyse durchgeführt? Wer wird involviert? Wer sind die Stakeholder? Wie häufig aktualisiert? Etc. → ggf. auch unter „Nachhaltigkeitsstrategie“]

4. Wesentliche Themen und Zielsetzungen

Thema 1

[Zielsetzung allgemein und speziell für die Themenbereiche Environment – Social – Governance.

Beispiel: XX setzt sich für den Schutz der Umwelt ein, insbesondere den Schutz des Klimas und der Biodiversität. Im Besonderen:

Klimarisiken: XX identifiziert, bewertet und steuert Klimarisiken in Übereinstimmung mit den Empfehlungen der Taskforce for Climate-related Financial Disclosures (TCFD).

Emissionen: XX konzentriert sich auf die Reduzierung der Emissionen durch die eigenen Aktivitäten sowie auf die Entwicklung und den Einsatz umweltfreundlicher Technologien und Materialien. Die Vision von XX ist … Um Transparenz zu gewährleisten, verbessert XX kontinuierlich seine Emissionsberechnungen und führt Lebenszyklusanalysen durch.

Biodiversität: XX hat sich zum Ziel gesetzt, die Biodiversität in den Regionen zu schützen, in denen es aktiv ist. …]

Thema 2

[Zielsetzung allgemein und speziell für die Themenbereiche Environment (Klimaschutz, Biodiversität, Umgang mit Wasserressourcen etc.) – Social (Diversität, Lieferketten, Menschenrechte etc.) – Governance (Compliance, Interessenkonflikte etc.).]

Thema 3

[…]

5. Unterstützung externer Initiativen, Verpflichtung zu Rahmenwerken oder Zertifizierungen

[Erwähnung Rahmenwerke, z. B. United Nations (UN) 2030 Agenda for Sustainable Development, UN Global Compact, TCFD, GRI, B-Corp, Ecovadis etc.]

6. Verantwortlichkeiten

[Benennung der Nachhaltigkeits-/ESG-Verantwortung auf Unternehmensleitungsebene. Falls vorhanden, Beschreibung der Nachhaltigkeitsorganisation auf der darunter liegenden Ebene:

- Gibt es eine Nachhaltigkeits-/ESG-Funktion? Wie heißt sie? Was ist der Verantwortungsbereich? Wie ist die Berichtslinie?
- Gibt es einen Nachhaltigkeitsausschuss? Wer ist darin Mitglied? Sind auch Externe (z.B. Vertreter der Eigentümer) vertreten? Wie oft trifft er sich? Was ist sein Mandat und seine Berichtslinie?]

7. Nachhaltigkeitsstrategie

[Wie ist der Prozess zur Ermittlung der Nachhaltigkeitsstrategie? Wer ist involviert und wie häufig findet er statt? Etc.]

8. Kommunikation

[Z.B. Eine Kommunikationsstrategie wurde unter Berücksichtigung der Anspruchsgruppen entwickelt:

- Mitarbeiter: Allgemeine Informationen zur Nachhaltigkeitsstrategie und deren Umsetzung werden über unterschiedliche Medien (z.B. Internet, Intranet, soziale Medien) kommuniziert, jedoch detaillierter als in der externen Kommunikation.
- (Mögliche) Kunden: Allgemeine Informationen zur Nachhaltigkeitsstrategie und deren Umsetzung werden durch verschiedene Medien kommuniziert (z.B. Internet, soziale Medien).
- Andere (z.B. Lieferanten, Investoren): Allgemeine Informationen zur Nachhaltigkeitsstrategie und deren Umsetzung werden im Internet zur Verfügung gestellt. Zudem erfolgt eine jährliche Nachhaltigkeitsberichterstattung.

Etc.]

9. Berichterstattung

[Beschreibung der Art und Frequenz der Berichterstattung; z.B. monatliche Berichterstattung an die Unternehmensleitung, halbjährliche Berichterstattung an Investoren etc.]

10. Meldung von Ideen für neue Initiativen oder Unterstützung externer Initiativen

Jeder Mitarbeiter kann neue Ideen über folgende E-Mail-Adresse einreichen: [E-Mail-Adresse]

Die Ideen werden gesammelt und analysiert. Die finale Entscheidung darüber obliegt [z. B. der Unternehmensleitung oder dem Nachhaltigkeitsausschuss].

11. Meldung von Verstößen

Verstöße gegen diese Richtlinie können direkt an den Vorgesetzten gemeldet werden. Mitarbeiter wie externe Parteien haben die Möglichkeit, Verstöße an [z. B.: die Nachhaltigkeitsabteilung, Compliance oder das Hinweisgebersystem] zu melden.

[Unterschrift Unternehmensleitung]

Weiterführende Hinweise finden Sie in folgenden Regelwerken: z. B.
- Verhaltenskodex, Verhaltenskodex für Lieferanten
- Richtlinie zur Gleichbehandlung
- Richtlinie zur mentalen Gesundheit
- Richtlinie zur Arbeitssicherheit
- Einladungs- und Geschenkerichtlinie
- Arbeitsanweisung zum Umgang mit ESG-relevanter Kommunikation
- …

Bei Fragen wenden Sie sich bitte an: XX (Nachhaltigkeitsbeauftragte/r)

Literaturverzeichnis

Alle Internetfundstellen wurden zuletzt abgerufen am 19.6.2024.

Amazon, Building a Better Future Together. 2022 Amazon Sustainability Report, https://sustainability.aboutamazon.com/reporting

Arbeitskreis „Interne Revision in der Versicherungswirtschaft“, Zusammenarbeit der Internen Revision mit Risikocontrolling und Compliance. Empfehlungen auf Basis der MaRisk VA 2010

BaFin, Rundschreiben 05/2018 (WA) – Mindestanforderungen an die Compliance-Funktion und weitere Verhaltens-, Organisations- und Transparenzpflichten – MaComp, https://www.bafin.de/SharedDocs/Veroeffentlichungen/DE/Rundschreiben/2018/rs_18_05_wa3_macomp.html?nn=19643896#doc19615918bodyText17

BaFin, BaFin veröffentlicht 7. MaRisk-Novelle, https://www.bafin.de/SharedDocs/Veroeffentlichungen/DE/Meldung/2023/meldung_2023_06_29_BaFin_veroeffentlicht_siebte_MARisk_Novelle.html

BaFin, Rundschreiben – Rundschreiben 05/2023 (BA) – MaRisk BA. Mindestanforderungen an das Risikomanagement, https://www.bafin.de/SharedDocs/Veroeffentlichungen/DE/Rundschreiben/2023/rs_05_2023_MaRisk_BA.html?nn=9450904#doc16502162bodyText4

Bassen, Alexander/Jastram, Sarah/Meyer, Katrin, Corporate Social Responsibility: eine Begriffserläuterung, in: Zeitschrift für Wirtschafts- und Unternehmensethik, Jg. 6, H. 2 (2005), S. 231–236

BDO & Kirchhoff, Nachhaltigkeit im Wandel. Die nichtfinanzielle Berichterstattung im DAX 160, 2022

Beck-aktuell, Historisches Klima-Urteil: Shell muss CO_2-Emissionen reduzieren, https://rsw.beck.de/aktuell/daily/meldung/detail/historisches-klima-urteil-shell-muss-co2-emissionen-reduzieren

Bundesamt für Wirtschaft und Ausfuhrkontrolle, Informationsblatt CO_2-Faktoren, Bundesförderung für Energie- und Ressourceneffizienz in der Wirtschaft – Zuschuss, 2023, https://www.bafa.de/SharedDocs/Downloads/DE/Energie/eew_infoblatt_co2_faktoren_2023.pdf?__blob=publicationFile&v=3

Bundesamt für Wirtschaft und Ausfuhrkontrolle, Lieferketten. Berichtspflicht, https://www.bafa.de/DE/Lieferketten/Berichtspflicht/berichtspflicht_node.html

Bundesministerium für Arbeit und Soziales, CSR – Corporate Sustainability Reporting Directive (CSRD), https://www.csr-in-deutschland.de/DE/CSR-Allgemein/CSR-Politik/CSR-in-der-EU/Corporate-Sustainability-Reporting-Directive/corporate-sustainability-reporting-directive-art.html

Bundesministerium für Arbeit und Soziales, BMAS – Lieferkettengesetz, https://www.bmas.de/DE/Service/Gesetze-und-Gesetzesvorhaben/Gesetz-Unternehmerische-Sorgfaltspflichten-Lieferketten/gesetz-unternehmerische-sorgfaltspflichten-lieferketten.html

Bundesministerium für Umwelt, Naturschutz, nukleare Sicherheit und Verbraucherschutz, Entwurf des Umweltgesetzbuch (UGB) Erstes Buch (I), https://www.bmuv.de/fileadmin/Daten_BMU/Download_PDF/Gesetze/ugb1_allgem_vorschriften_mai08.pdf

Bundesministerium für Umwelt, Naturschutz, nukleare Sicherheit und Verbraucherschutz, Umsetzung der Nachhaltigkeitsziele in Deutschland, https://www.bmuv.de/themen/nachhaltigkeit/2030-agenda/umsetzung-der-nachhaltigkeitsziele-in-deutschland

Bundesministerium für wirtschaftliche Zusammenarbeit und Entwicklung, Ernüchternde Halbzeitbilanz, https://www.bmz.de/de/agenda-2030/halbzeitbilanz

Bundesverband Nachhaltige Wirtschaft e. V., CSRD | BNW, https://www.bnw-bundesverband.de/csrd

Carroll, Archie B., The pyramid of corporate social responsibility. Toward the moral management of organizational stakeholders, in: Business Horizons, Jg. 34, H. 4 (1991), S. 39–48

CDP/Systain, Die Zukunft der globalen Wertschöpfung. Wettbewerbsfaktor Management der Scope-3-Emissionen der Lieferkette, Analyse der 350 größten börsennotierten Unternehmen in der DACH-Region, 2014

Der Deutsche Nachhaltigkeitskodex, Deutscher Nachhaltigkeitskodex – Corporate Sustainability Reporting Directive (CSRD), https://www.deutscher-nachhaltigkeitskodex.de/de-DE/Home/Berichtspflichten/CSRD

Der Deutsche Nachhaltigkeitskodex, Deutscher Nachhaltigkeitskodex – EU-Taxonomie-Verordnung, https://www.deutscher-nachhaltigkeitskodex.de/de/berichtspflichten/eu-taxonomie-verodnung/

Der Deutsche Nachhaltigkeitskodex, Deutscher Nachhaltigkeitskodex – Über den DNK, https://www.deutscher-nachhaltigkeitskodex.de/de-DE/Home/DNK/DNK-Overview

Der Deutsche Nachhaltigkeitskodex, Leitfaden zum Deutschen Nachhaltigkeitskodex. Orientierungshilfe für Einsteiger, 2020

Der Deutsche Nachhaltigkeitskodex, Checkliste für die Erklärung nach dem Deutschen Nachhaltigkeitskodex, 2022

Deutscher Bundestag, Gesetzentwurf der Bundesregierung – Entwurf eines Gesetzes über die unternehmerischen Sorgfaltspflichten in Lieferketten. Drucksache 19/28649, 2021

Eccles, Robert G./Taylor, Alison, The Evolving Role of Chief Sustainability Officers, in: Harvard Business Review, H. July–August, 2023

EcoVadis, EcoVadis Medaillen und Abzeichen: Anerkennung für die Leistungen unserer Kunden, https://resources.ecovadis.com/de/solution-materialien/ecovadis-medals-and-badges-de

EFRAG, EFRAG & GRI landmark Statement of Cooperation, 2021

Elkington, John, Enter the Triple Bottom Line, in: The Triple Bottom Line 2013, S. 1–16

Europäische Kommission, Delegierte Verordnung (EU) 2023/2772 der Kommission vom 31. Juli 2023 zur Ergänzung der Richtlinie 2013/34/EU des Europäischen Parlaments und des Rates durch Standards für die Nachhaltigkeitsberichterstattung. 2023/2772 2023a

Europäische Kommission, Delegierte Verordnung (EU) 2023/2772 der Kommission vom 31. Juli 2023 zur Ergänzung der Richtlinie 2013/34/EU des Europäischen Parlaments und des Rates durch Standards für die Nachhaltigkeitsberichterstattung 2023b

Europäische Kommission, Langfristige Strategie – Zeithorizont 2050, https://climate.ec.europa.eu/eu-action/climate-strategies-targets/2050-long-term-strategy_de

Europäische Kommission, Green claims, https://environment.ec.europa.eu/topics/circular-economy/green-claims_en

Europäischer Rat, Pariser Klimaschutzübereinkommen, https://www.consilium.europa.eu/de/policies/climate-change/paris-agreement/

Europäischer Rat, In Zwangsarbeit hergestellte Produkte, https://www.consilium.europa.eu/de/policies/forced-labour-products/

Europäisches Parlament, Verbot von in Zwangsarbeit hergestellten Produkten auf dem EU-Binnenmarkt, https://www.europarl.europa.eu/news/de/press-room/20240419IPR20551/verbot-von-in-zwangsarbeit-hergestellten-produkten-auf-dem-eu-binnenmarkt

European Commission – European Commission, EU Taxonomy Navigator, https://ec.europa.eu/sustainable-finance-taxonomy/

European Union, Nachhaltige Entwicklung, https://eur-lex.europa.eu/DE/legal-content/glossary/sustainable-development.html

Forstliche Versuchs- und Forschungsanstalt Baden-Württemberg – FVA, 300 Jahre „Sylvicultura oeconomica" von Hans Carl von Carlowitz, https://www.waldwissen.net/de/lernen-und-vermitteln/forstgeschichte/300-jahre-sylvicultura-oeconomica

Friedman, Milton, A Friedman doctrine – The Social Responsibility of Business Is to Increase Its Profits, in: The New York Times vom https://www.nytimes.com/1970/09/13/archives/a-friedman-doctrine-the-social-responsibility-of-business-is-to.html

Geschäftsstelle Grüner Knopf, Überblick Kriterien | Grüner Knopf, https://gruener-knopf.de/ueberblick-kriterien

Global Reporting Initiative, GRI – Mission & history, https://www.globalreporting.org/about-gri/mission-history/

Global Reporting Initiative, GRI – Sector Program, https://www.globalreporting.org/standards/sector-program/

Global Reporting Initiative, GRI 305: Emissionen 2016. Themen-Standard 305 2018a, https://www.globalreporting.org/pdf.ashx?id=15112&page=1

Global Reporting Initiative, GRI 306: Abfall 2020, https://www.globalreporting.org/how-to-use-the-gri-standards/resource-center/?g=b06b5a28-a106-4674-9649-822fc1501e00&id=15113

Global Reporting Initiative, GRI 1: Grundlagen 2021. Universeller Standard 1 2023b https://www.globalreporting.org/standards/download-the-standards/

gov.uk, Greenhouse gas reporting: conversion factors 2023, in: GOV.UK, https://www.gov.uk/government/publications/greenhouse-gas-reporting-conversion-factors-2023, 29.3.2024

Greenhouse Gas Protocol, Technical Guidance for Calculating Scope 3 Emissions (version 1.0). Technical Guidance for Calculating Scope 3 Emissions P Supplement to the Corporate Value Chain (Scope 3) Accounting & Reporting Standard, 2013, https://ghgprotocol.org/sites/default/files/2023-03/Scope3_Calculation_Guidance_0%5B1%5D.pdf

Greenhouse Gas Protocol, Homepage | GHG Protocol, https://ghgprotocol.org/

Greenhouse Gas Protocol, Life Cycle Databases, https://ghgprotocol.org/life-cycle-databases

Jastram, Sarah Margaretha/Berberyan, Zara, How to develop a corporate social responsibility strategy, in: International Journal of Sustainable Strategic Management

Meadows, Donella H./Meadows, Dennis L./Randers, Jørgen/Behrens III, William W., The Limits to Growth – Club of Rome, 1972

Nellis, Stephen, Apple will modify executive bonuses based on environmental values in 2021, in: Reuters Media vom 5.1.2021, https://www.reuters.com/business/sustainable-business/apple-will-modify-executive-bonuses-based-environmental-values-2021-2021-01-05/

PESTLE Analysis Examples, https://onstrategyhq.com/resources/pestle-analysis-examples/

Polman, Paul/Winston, Andrew S., Net positive. How courageous companies thrive by giving more than they take, 2022

Porter, Michael E., Competitive Advantage. Creating and sustaining, superior performance, 1998

Porter, Michael E./Kramer, Mark R., Strategy and Society: The Link Between Competitive Advantage and Corporate Social Responsibility, H. December 2006 (2006), S. 76–93

Orsted, Nachhaltigkeit, https://orsted.de/nachhaltigkeit

Ranganathan, Janet/Waite, Richard/Searchinger, Tim/Hanson, Craig, How to Sustainably Feed 10 Billion People by 2050, in 21 Charts 2018

Raworth, Kate, Doughnut economics. Seven ways to think like a 21st century economist, 2017

Regierungskommission, Deutscher Corporate Governance Kodex 2022, 2022

Regierungskommission, Deutscher Corporate Governance Kodex, Pressemitteilung. Kodexreform 2022 hebt Bedeutung von ESG hervor, 2022

SASB, Overview – SASB, https://sasb.org/standards/materiality-finder/

Schmelter, Stephanie, Environmental Social Governance in der Vorstandsvergütung, https://www.humanresourcesmanager.de/arbeitsrecht/esg-environmental-social-governance-in-der-vorstandsverguetung/

Science Based Targets initiative, About Us, https://sciencebasedtargets.org/about-us#who-we-are

Statista, CO_2-Emissionsfaktor für den Strommix in Deutschland bis 2022, https://de.statista.com/statistik/daten/studie/38897/umfrage/co2-emissionsfaktor-fuer-den-strommix-in-deutschland-seit-1990

Steimel, Bernhard/Steinhaus, Ingo, ESG-Management im Mittelstand, 2023

Thaler, Richard H./Sunstein, Cass R., Nudge. Improving decisions about health, wealth, and happiness, Rev. and expanded ed., with a new afterword and a new chapter, 2008

The Climate Pledge, Be the planet's turning point, https://www.theclimatepledge.com/us/en

The Global Compact, Who Cares Wins. Connecting Financial Markets to a Changing World, 2004

The House of Change, The State of Green Claims 2024 Report – Deutschland, https://www.houseofchange.net/the-state-of-green-claims-2024

The Institute of Internal Auditors, Das Drei-Linien-Modell des IIA. Eine Aktualisierung der Three Lines of Defense, https://www.diir.de/content/uploads/2023/08/Three-Lines-Model-Updated-German.pdf

The Institute of Internal Auditors, Global Internal Audit Standards, Jg. 2024

The Institute of Internal Auditors, Internal Audit's role in ESG reporting. Independent assurance is critical to effective sustainability reporting, 2021

Townsend, Solitaire, The Solutionists. How businesses can fix the future, [S. l.] 2023

Transparency International, 2023 Corruption Perceptions Index, https://www.transparency.org/en/cpi/2023

Umweltbundesamt, Umweltberichterstattung – CSR-Richtlinie, https://www.umweltbundesamt.de/umweltberichterstattung-csr-richtlinie

Umweltbundesamt, Der Europäische Emissionshandel, https://www.umweltbundesamt.de/daten/klima/der-europaeische-emissionshandel

Umweltbundesamt, Klima- und Energiepolitik in der EU, https://www.umweltbundesamt.de/themen/klima-energie/klima-energiepolitik-in-der-eu#eu-green-deal

UN Global Compact, Beitrittsprozess Business, https://www.globalcompact.de/teilnehmen/beitrittsprozess-business

UN Global Compact, Our Ambition, https://unglobalcompact.org/what-is-gc/mission

UN Global Compact, Our Governance | UN Global Compact, https://unglobalcompact.org/about/governance

UN Global Compact, Zehn Prinzipien, https://www.globalcompact.de/ueber-uns/united-nations-global-compact

U. S. Securities and Exchange Commission, Sarbanes Oxley Act, https://www.investor.gov/introduction-investing/investing-basics/role-sec/laws-govern-securities-industry#sox2002

Vereinte Nationen, Resolution der Generalversammlung, verabschiedet am 25. September 2015. 70/1. Transformation unserer Welt: die Agenda 2030 für nachhaltige Entwicklung, https://www.un.org/Depts/german/gv-70/band1/ar70001.pdf

Walk Free, Global Slavery Index, https://www.walkfree.org/global-slavery-index/

World Economic Forum, Global Risks Report 2024. 19th Edition. Insight Report, https://www.weforum.org/publications/global-risks-report-2024/

World Economic Forum, Our Mission, https://www.weforum.org/about/world-economic-forum/

World Resources Institute, Estimating and reporting the comparative emissions impacts of products, 2019